普通高等院校计算机基础教育系列规划教材

MySQL 数据库应用教程

万川梅 钟璐 杨菁 刘臣 编著

北京理工大学出版社
BEIJING INSTITUTE OF TECHNOLOGY PRESS

内 容 简 介

本教材以满足学生对理论和实践相结合的知识需求为目的，服从创新教育和素质教育的教学理念进行编写。全书分为 9 章，主要内容包括数据库概述、数据库系统、数据库基本对象的管理、表数据的操作、数据库索引和视图、数据库设计、数据库编程、数据库安全机制、数据仓库与数据挖掘等内容。

本教材适合高等院校计算机类和电子类的各种专业，如多媒体、软件开发、网络工程、通信工程、信息工程、物联网工程、数字媒体技术等专业的教材，也适合广大科研和工程技术人员参考。

图书在版编目（CIP）数据

MySQL 数据库应用教程 / 万川梅等编著. —北京：北京理工大学出版社，2017.7（2022.8 重印）

ISBN 978-7-5682-4267-7

Ⅰ. ①M…　Ⅱ. ①万…　Ⅲ. ①SQL 语言-高等学校-教材　Ⅳ. ①TP311.132.3

中国版本图书馆 CIP 数据核字（2017）第 155611 号

出版发行 / 北京理工大学出版社有限责任公司		
社　　址 / 北京市海淀区中关村南大街 5 号		
邮　　编 / 100081		
电　　话 / （010）68914775（总编室）		
（010）82562903（教材售后服务热线）		
（010）68944723（其他图书服务热线）		
网　　址 / http://www.bitpress.com.cn		
经　　销 / 全国各地新华书店		
印　　刷 / 三河市华骏印务包装有限公司		
开　　本 / 787 毫米×1092 毫米　1/16		
印　　张 / 12.25		责任编辑 / 陈莉华
字　　数 / 289 千字		文案编辑 / 陈莉华
版　　次 / 2017 年 7 月第 1 版　2022 年 8 月第 3 次印刷		责任校对 / 孟祥敬
定　　价 / 42.00 元		责任印制 / 李志强

前　　言

在信息化社会，充分有效地管理和利用各类信息资源，是进行科学研究和决策管理的前提条件。数据库技术是管理信息系统、办公自动化系统、决策支持系统等各类信息系统的核心部分，是进行科学研究和决策管理的重要技术手段。

本教材以满足学生对理论和实践相结合的知识需求为目的，服从创新教育和素质教育的教学理念进行编写。全书分为 9 章，其中第 1 章数据库概述，从数据管理技术的发展引出了数据库技术，以及数据库管理系统的分类，然后讲解了 MySQL 实验环境的搭建；第 2 章数据库系统，主要内容包含数据模型、关系数据模型、数据结构、完整性约束、关系代数、关系数据库的基本规范化理论等；第 3 章数据库基本对象的管理，主要内容包含 SQL 的产生和发展、MySQL 数据库的管理、MySQL 基本表的创建和维护等；第 4 章表数据的操作，主要内容包含 MySQL 数据操作、数据插入、数据修改和删除、数据查询等；第 5 章数据库索引和视图，主要内容包括索引、视图等；第 6 章数据库设计，主要内容包含数据库设计过程、需求分析、概念数据库设计、逻辑数据库设计、数据库的物理设计等；第 7 章数据库编程，主要内容包含变量、定义条件和处理程序、存储过程、函数的创建与调用、触发器的创建与使用、事件的创建与开启等；第 8 章数据库安全机制，主要内容包含权限管理、事务与用户并发控制、日志管理等；第 9 章数据仓库和数据挖掘，讲述了数据库与数据仓库之间的关系和转换成数据仓库的基本方法，以及数据挖掘的基本方法等。

本教材的编写具有以下特点：

（1）本教材采用双线并行的架构设计，理论与实践项目实训紧密结合。

（2）教材知识内容突出重点和难点，对重点和难点讲解运用了大量的案例进行演示。

（3）语言简洁、图文并茂。

为了使读者能更好地理解概念和原理，掌握相关技术，书中的例题具有典型性和代表性。本书选择 MySQL 数据库管理系统，MySQL 数据库具有开源、免费、体积小、易于安装、性能高效、性能齐全等特点，目前被很多的中小型企业和项目选择，也适合于教学。无论是数据库初学人员还是程序开发人员，本教材都是一本难得的参考书，适合高等院校计算机类和电子类的各种专业，如多媒体、软件开发、网络工程、通信工程、信息工程、物联网工程、数字媒体技术等专业的教材，也适合广大科研和工程技术人员参考。本教材中列举了Workbench 可视化工具的使用，可作为从事计算机专业的科研人员、工程人员参考。

本书由万川梅和钟璐整体设计，完成第 1、3、4、5、6、7、9 章内容的编写；杨菁完成第 2 章、刘臣完成第 8 章内容的编写。在编写过程中，参考了许多专家和学者的著作和论文，在此谨向他们表示衷心的感谢。

虽然我们希望能够为读者提供最好的教材和教学资源，但由于作者水平和经验有限，错误之处难免，不当之处请各位专家和读者赐教。

目　　录

第 1 章

数据库概述

◎ 引导案例

　　当学习 C/C++语言后，会尝试着开发应用程序，但是在了解数据库之前，总是会遇到一些问题和瓶颈。图 1-1 所示为一个用 C 语言编写的商品销售程序。在这个程序中会有商品信息管理、入库以及销售等数据，如商品数据，包括商品名称、序号、外观等，这些数据是在程序中定义变量，实际上存放在计算机内存单元中，程序中的数据随着程序的运行完成，其所占用的空间被释放掉。

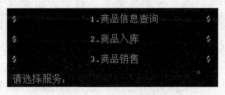

图 1-1　销售系统程序界面

　　如果使用文件将数据存放在硬盘中，由操作系统负责存取和管理数据，就可以解决这个问题。但是如果入库产生的商品数据、销售产生的销售数据之间有冗余，相同的数据重复存储、各自管理容易造成数据不一致。

思考

如果由一个系统程序来管理数据,使用户能够创建、维护和管理数据,所有的数据有组织地被这个系统程序来管理,程序可以共同使用这些数据,会不会更好?

1.1   数据库概述

要理解引导案例中提出的问题,以及为什么出现数据库技术,还要追溯到数据管理技术的发展历史。数据管理是指对数据进行分类、组织、编码、存储、检索和维护,它是数据处理的核心问题。

1.1.1   信息与数据

信息是指音信、消息、通信系统传输和处理的对象,泛指人类社会传播的一切内容。人通过获得、识别自然界和社会的不同信息来区别不同事物,得以认识和改造世界。在一切通信和控制系统中,信息是一种普遍联系的形式。1948 年,数学家香农在题为"通信的数学理论"一文中指出:"信息是用来消除随机不定性的东西"。创建一切宇宙万物的最基本万能的单位是信息。信息反映了事物内部属性、状态、结构、相互联系以及与外部环境的互动关系,以减少事物的不确定性。

数据和信息之间是相互联系的。数据是反映客观事物属性的记录,是信息的具体表现形式。数据经过加工处理之后,就成为信息;而信息需要经过数字化转变成数据才能存储和传输。

数据的表现形式还不能完全表达其内容,需要经过解释,数据和关于数据的解释是不可分的。例如,93 是一个数据,可以是一个学生某门课的成绩,也可以是某个人的体重,还可以是计算机系 2013 级的学生人数。数据的解释是指对数据含义的说明,数据的含义称为数据的语义,数据与其语义是不可分的。

例

❖ 学生档案中的学生记录

(李小明,男,1997—06,重庆市,网络工程,2014)

❖ 数据的解释

语义:学生姓名、性别、出生年月、籍贯、所在系别、入学时间

解释:李小明是个大学生,男,1997 年 6 月出生,重庆人,2014 年考入网络工程系

1.1.2   数据管理

数据管理是指对数据的组织、编目、定位、存储、检索和维护等,它是数据处理的中心问题。

1. 数据处理

用计算机收集、记录数据,经加工产生新的信息形式的技术。数据指数字、符号、字母和各种文字的集合。数据处理涉及的加工处理比一般的算术运算要广泛得多。

计算机数据处理主要包括以下 8 个方面。

(1) 数据采集:采集所需的信息。

（2）数据转换：把信息转换成机器能够接收的形式。

（3）数据分组：指定编码，按有关信息进行有效的分组。

（4）数据组织：整理数据或用某些方法安排数据，以便进行处理。

（5）数据计算：进行各种算术和逻辑运算，以便得到进一步的信息。

（6）数据存储：将原始数据或计算的结果保存起来，供以后使用。

（7）数据检索：按用户的要求找出有用的信息。

（8）数据排序：把数据按一定要求排成次序。

数据处理的过程大致分为数据的准备、处理和输出 3 个阶段。在数据准备阶段，将数据脱机输入到穿孔卡片、穿孔纸带、磁带或磁盘。这个阶段也可以称为数据的录入阶段。数据录入以后，就要由计算机对数据进行处理，为此预先要由用户编制程序并把程序输入到计算机中，计算机是按程序的指示和要求对数据进行处理的。处理就是指上述 8 个方面工作中的一个或若干个的组合。最后输出的是各种文字和数字的表格和报表。

数据处理系统已广泛地应用于各种企业和事业，内容涉及薪金支付、票据收发、信贷和库存管理、生产调度、计划管理、销售分析等。它能产生操作报告、金融分析报告和统计报告等。数据处理技术涉及文卷系统、数据库管理系统、分布式数据处理系统等方面的技术。此外，由于数据或信息大量地应用于各个企业和事业机构，工业化社会中已形成一个独立的信息处理业。数据和信息本身已经成为人类社会中极其宝贵的资源。信息处理业对这些资源进行整理和开发，借以推动信息化社会的发展。

2. 数据管理

数据管理是对不同类型的数据进行收集、整理、组织、存储、加工、传输、检索的过程，它是计算机的一个重要应用领域。其目的之一是从大量原始的数据中抽取、推导出对人们有价值的信息，然后利用信息作为行动和决策的依据；目的之二是为了借助计算机科学地保存和管理复杂的、大量的数据，以便人们能够方便而充分地利用这些信息资源。数据管理是数据处理的核心，是指对数据的组织、分类、编码、存储、检索、维护等环节的操作。

1.1.3　数据库管理技术的发展

在没有计算机的时代，对数据的管理只能用手工或机械的方式。而计算机出现后，数据管理技术经历了人工管理、文件系统管理和数据库管理 3 个阶段。

1. 人工管理阶段

20 世纪 50 年代中期以前，计算机外部存储器只有磁带、卡片和纸带等，还没有磁盘等直接存取存储设备，所以数据并不保存。数据是应用程序管理，也就是用户自己管理数据，因此称为人工管理阶段。人工管理阶段如图 1-2 所示，软件中还没出现操作系统。人工管理阶段的特征如下。

1）不能长期保存数据

在 20 世纪 50 年代中期之前，计算机一般在有关信息的研究机构里才能拥有，当时由于存储设备（纸带、磁带）的容量空间有限，都是在做实验的时候暂存实验数据，做完实验就把数据结果打在纸带上或者磁带上带走，所以一

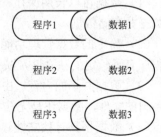

图 1-2　人工管理阶段的数据管理特点

般不需要将数据长期保存。数据并不是由专门的应用软件来管理，而是由使用数据的应用程序来管理。作为程序员，在编写软件时既要设计程序逻辑结构，又要设计物理结构以及数据的存取方式。

2）数据不能共享

在人工管理阶段，可以说数据是面向应用程序的，由于每一个应用程序都是独立的，一组数据只能对应一个程序，即使要使用的数据已经在其他程序中存在，但是程序间的数据是不能共享的，因此程序与程序之间有大量的数据冗余。

3）数据不具有独立性

应用程序只要发生改变，数据的逻辑结构或物理结构就相应地发生变化，因而程序员要修改程序就必须都要做出相应的修改，这给程序员的工作带来了很多负担。

思考

（1）程序中的数据，随着程序的运行完成，所占用的计算机内存空间是否会释放？

（2）程序员在进行程序设计的时候，是否需要规定数据存储结构、存取方法和数据方式等？

（3）多个应用程序使用相同数据时，需要各自定义，这样是否产生了数据冗余？

（4）如果数据存储结构发生变化，是否需要重新定义？

2. 文件系统管理阶段

20 世纪 50 年代末到 60 年代中期，计算机开始有了硬盘、磁鼓等直接存取设备，计算机从原来仅用于科学计算发展到数据管理的应用。软件方面出现了操作系统和高级语言，如图 1-3 所示，操作系统中有了专门管理数据的软件模块——文件系统。

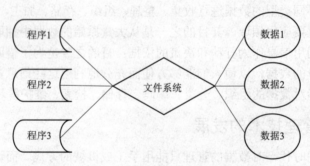

图 1-3　文件系统管理阶段的数据管理特点

文件系统管理阶段也是数据库发展的初级阶段，使用文件系统存储、管理数据具有以下 4 个特点。

（1）数据可以长期保存。有了大容量的磁盘作为存储设备，计算机开始被用来处理大量的数据并存储数据。

（2）简单的数据管理功能。文件的逻辑结构和物理结构脱钩，程序和数据分离，使数据和程序有了一定的独立性，减少了程序员的工作量。

（3）数据共享能力差。由于每一个文件都是独立的，当需要用到相同的数据时，必须建立各自的文件，数据还是无法共享的，也会造成大量的数据冗余。

（4）数据不具有独立性。在此阶段数据仍然不具有独立性，当数据的结构发生变化时，也必须修改应用程序、修改文件的结构定义；而应用程序的改变也将改变数据的结构。

　　文件系统管理阶段相对人工管理阶段，数据可以长期保存在外存储器上，可以进行重复使用，程序和数据之间能够相互独立，并且数据是面向应用的。

说明

　　这个时期数据的管理是文件系统完成的，所以称为文件系统管理阶段。这个阶段文件系统采用统一的方式管理用户和系统中数据的存储、检索、更新、共享和保护。文件系统可以把应用程序所管理的数据组织成独立的数据文件，实现对数据的修改、插入、删除和查询等操作。

3. 数据库管理阶段

　　20 世纪 60 年代后期以来，数据急剧膨胀，文件系统已经不能满足数据管理的需要，数据库管理技术应运而生。数据库管理阶段，数据采用数据模型表示数据，如图 1-4 所示，数据由专门数据库管理软件——数据库管理系统（Data Base Management System，DBMS）统一管理和控制。

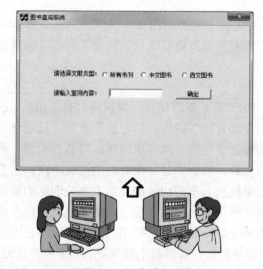

图 1-4　操作数据库

　　计算机管理的对象规模越来越大，应用范围又越来越广泛，数据量急剧增长，同时多种应用、多种语言互相覆盖地共享数据集合的要求越来越强烈，数据库技术便应运而生，出现了统一管理数据的专门软件系统。

　　用数据库系统来管理数据比文件系统具有明显的优点，从文件系统到数据库系统，标志着数据库管理技术的飞跃。

　　如表 1-1 所示，数据管理体现了许多优点，解决了共享性和独立性的问题，数据库管理数据能够实现联机实时处理，开始出现分布处理，能够解决多用户、多应用共享数据的问题，使数据尽可能多地应用服务。

表 1-1　数据管理 3 个阶段的比较

类型	人工管理	文件系统管理	数据库管理
数据是否保存	不保存	保存	保存
数据面向对象	面向程序	面向应用	面向整个应用领域

续表

类型	人工管理	文件系统管理	数据库管理
数据由谁管理	用户	操作系统文件系统模块	专门的数据库管理系统
数据能否共享	不能	共享性差	实现联机实时处理
与程序的独立性	不具有独立性	独立性差	具有独立性

1.1.4　数据库的基本概念

1. 数据

数据指的是用符号记录下来的、可以识别的信息，具有一定的语义。数据是信息的表现形式和载体，可以是符号、文字、数字、语音、图像和视频等。

例

❖ "引导案例"中，商品的外观可以用图片表现，商品信息如商品种类、名称，入库信息如入库的时间、数量，销售信息如销售单价、数量等也都可以通过文字、数字或者符号等形式表现出来。

2. 数据库

数据库（Data Base，DB）是长期存储在计算机内、有组织的、统一管理的、可共享的相关数据集合。这种数据集合具有以下特点：尽可能不重复；以最优方式为某个特定组织的多种应用服务；其数据结构独立于使用它的应用程序；对数据的增、删、改、查由统一软件进行管理和控制。从发展历史看，数据库是数据管理的高级阶段，它是由文件管理系统发展起来的。例如，企业或事业单位的人事部门常常要把本单位职工的基本情况（职工号、姓名、年龄、性别、籍贯、工资、简历等）存放在表中，这张表就可以看成是一个数据库。有了这个"数据仓库"就可以根据需要随时查询某职工的基本情况，也可以查询工资在某个范围内的职工人数等。这些工作如果都能在计算机上自动进行，那人事管理就可以达到极高的水平。此外，在财务管理、仓库管理、生产管理中也需要建立众多的这种"数据库"，使其可以利用计算机实现财务、仓库、生产的自动化管理。

数据库，顾名思义，就是存放数据的仓库。只不过这个仓库是计算机存储设备，而且数据不是杂乱无章的，而是按照一定格式存放的。采用数据库管理技术进行数据管理有以下几个方面的特点。

（1）采用数据模型表示数据。

（2）程序和数据之间具有独立性。

（3）数据面向整个应用领域。

（4）数据由数据库管理系统统一管理和控制。

注意

➢ 数据库的性质严格来说是数据集合。

➢ 数据库是逻辑上一致而且有某种内在含义的数据集合，不是数据的随机归类。

➢ 数据库、数据管理系统和数据库系统之间存在着包含关系，数据库系统包含了数据库以及数据库管理系统。

3. 数据库管理系统

DBMS 是位于用户与操作系统之间的一层数据库管理软件。

数据库管理系统为应用程序提供了访问数据库的方法，包括数据库建立、查询、更新以及各种数据控制。它对数据库进行统一的管理和控制，以保证数据库的安全性和完整性。用户通过 DBMS 访问数据库中的数据，数据库管理员也通过 DBMS 进行数据库的维护工作。它可使多个应用程序和用户用不同的方法同时或不同时刻去建立、修改和查询数据库。大部分 DBMS 提供了数据定义语言（Data Definition Language，DDL）和数据操作语言（Data Manipulation Language，DML），供用户定义数据库的模式结构与权限约束，实现对数据的追加、删除等操作。数据库管理系统是数据库系统的核心，是管理数据库的软件。数据库管理系统就是实现把用户意义下抽象的逻辑数据处理，转换成为计算机中具体的物理数据处理的软件。有了数据库管理系统，用户就可以在抽象意义下处理数据，而不必顾及这些数据在计算机中的布局和物理位置。

说明

常用的数据库管理系统有 MySQL、SQL Server、Oracle 和 DB2 等。

4. 数据库系统

在计算机系统中引入了数据库的系统称为数据库系统（Data Base System，DBS）。DBS 一般由数据库、数据管理系统（及其开发工具）、应用系统和数据库管理员构成。

数据库管理员（Data Base Administrator，DBA）是一个负责管理和维护数据库服务器的人。数据库管理员负责全面管理和控制数据库系统。数据库管理员的主要职责如下。

（1）决定数据库中的信息内容和结构。

（2）决定数据库的存储结构和存取策略。

（3）定义数据的安全性要求和完整性约束条件。

（4）监控数据库的使用和运行。

（5）数据库的改进和重组重构。

数据库研究跨越于计算机应用、系统软件和理论 3 个领域，其中应用促进新系统的研制开发，新系统带来新的理论研究，而理论研究又对前两个领域起着指导作用。数据库系统的出现是计算机应用的一个里程碑，它使得计算机应用从以科学计算为主转向以数据处理为主，从而使计算机得以在各行各业乃至家庭普遍使用。在它之前的文件系统虽然也能处理持久数据，但是文件系统不提供对任意部分数据的快速访问，而这对数据量不断增大的应用来说是至关重要的。为了实现对任意部分数据的快速访问，就要研究许多优化技术。这些优化技术往往很复杂，是普通用户难以实现的，所以就由系统软件（数据库管理系统）来完成，而提供给用户的是简单易用的数据库语言。由于对数据库的操作都由数据库管理系统完成，所以数据库就可以独立于具体的应用程序而存在，从而数据库又可以为多个用户所共享。因此，数据的独立性和共享性是数据库系统的重要特征。数据共享节省了大量人力和物力，为数据库系统的广泛应用奠定了基础。数据库系统的出现使得普通用户能够方便地将日常数据存入计算机，并在需要的时候快速访问它们，从而使计算机走出科研机构，进入各行各业，进入家庭。

数据库系统的应用遍布教育、经济、政务、国防等领域，如各类管理信息系统（MIS）、办公信息系统（OIS）、Web 应用系统等使用的都是数据库技术的计算机应用系统。如日常生活当中，购物网就是一种 Web 应用系统，还有教务系统、选课系统等。

思考

DBMS、DB 还有 DBS 之间有什么关系？

说明

◇ 数据库管理系统各自的特点等内容会在本章的 1.3 节加以介绍。

◇ 本书的案例及举例采用的数据库管理系统软件是 MySQL，安装、配置和使用会在本章 1.4 节介绍。

1.2   数据库系统体系结构

数据库系统是引入了数据库管理系统之后的计算机系统，如图 1-5 所示，包括计算机硬件、数据库管理系统、数据库、应用程序、数据库管理员和用户等部分。为了有效地组织和管理数据，也为了提高数据库的逻辑独立性和物理独立性，数据库的标准结构为三级模式结构。

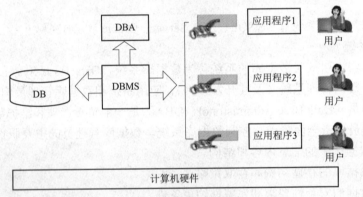

图 1-5   数据库系统组成

数据库系统中，DB 由 DBMS 负责数据库存取、维护和管理。计算机硬件是数据库系统依赖的物质基础，是存储数据库以及运行数据库管理系统的硬件资源，主要包括主机、存储设备及 I/O 通道等，大型的数据库系统还需要网络环境。数据库管理员（Data Base Administrator，DBA）负责管理、监督、维护数据库的正常运行。用户包括应用程序员（Application Programmer）和终端用户（End-User），应用程序员负责分析、设计、开发和维护数据库系统中运行的各类应用程序，终端用户通常通过应用程序来操作数据库，是数据库系统中的普通使用者。

1.2.1   数据库系统的三级模式结构

模式（Schema）是对数据库的数据所进行的结构化描述，是所观察到的数据的结构信息。

数据库标准结构是三级模式结构，如图 1-6 所示，它包括外模式、概念模式、内模式，可有效地组织、管理数据，提高了数据库的逻辑独立性和物理独立性。用户级对应外模式，概念级对应概念模式，物理级对应内模式，使不同级别的用户对数据库形成不同的视图。视图就是指观察、认识和理解数据的范围、角度和方法，是数据库在用户"眼中"的反映。很显然，不同层次（级别）用户所"看到"的数据库是不相同的。

1. 外模式

外模式又称为子模式或用户模式，对应于用户级。它是某个或某几个用户所看到的数据

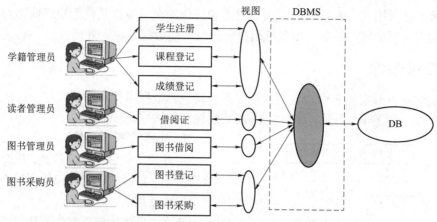

图 1-6　数据库系统对应的 3 个层次

库的数据视图，是与某一应用有关的数据的逻辑表示。外模式是从模式导出的一个子集，包含模式中允许特定用户使用的那部分数据。用户可以通过外模式描述语言来描述、定义对应于用户的数据记录（外模式），也可以利用数据操作语言（Data Manipulation Language，DML）对这些数据记录进行操作。外模式反映了数据库的用户观。

（1）一个数据库可以有多个外模式。

（2）外模式就是用户视图。

（3）外模式是保证数据安全性的一个有力措施。

2. 概念模式/模式

模式又称为概念模式或逻辑模式，对应于概念级。它是由数据库设计者综合所有用户的数据，按照统一的观点构造的全局逻辑结构，是对数据库中全部数据的逻辑结构和特征的总体描述，是所有用户的公共数据视图（全局视图）。它是由数据库管理系统提供的数据模式描述语言（Data Description Language，DDL）来描述、定义的，体现、反映了数据库系统的整体观。

（1）一个数据库只有一个模式。

（2）是数据库数据在逻辑级上的视图。

（3）数据库模式以某一种数据模型为基础。

（4）定义模式时不仅要定义数据的逻辑结构（如数据记录由哪些数据项构成，数据项的名字、类型、取值范围等），而且要定义与数据有关的安全性、完整性要求以及定义这些数据之间的联系。

3. 内模式

内模式又称为存储模式，对应于物理级，它是数据库中全体数据的内部表示或底层描述，是数据库最低一级的逻辑描述，它描述了数据在存储介质上的存储方式和物理结构，对应着实际存储在外存储介质上的数据库。内模式由内模式描述语言来描述、定义，它是数据库的存储观。

（1）一个数据库只有一个内模式。

（2）一个表可能由多个文件组成，如数据文件、索引文件。

（3）它是数据库管理系统（DBMS）对数据库中数据进行有效组织和管理的方法。

如图 1-6 所示，图书馆的数据系统中，存储在存储设备上的 DB（包括存储路径、存储方式及索引等）是内模式。由 DBMS 定义、管理和操作的全局数据是概念模式或称为模式。而作为某一用户可以处理的数据，提供给用户程序使用的数据则称为外模式。

1.2.2 二级映像

为了能够在内部实现 3 个抽象层次的联系和转换，数据库管理系统在这三级模式之间提供了两级映像，如图 1-7 所示，即外模式/模式映像和模式/内模式映像。

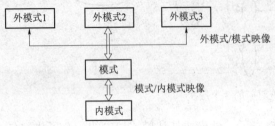

图 1-7 数据库的三级模式和两级映像

1. 外模式/模式映像

将外模式映像为概念模式，从而支持实现数据概念、数据结构向外部视图转换，便于用户观察和使用。

那么，当概念模式发生变化时，可以不改变外模式，只需改变外模式/概念模式映像，从而无须改变应用程序，即保证了数据与程序的逻辑独立性，简称数据的逻辑独立性。

2. 模式/内模式映像

将概念模式映像为内模式，从而支持实现数据概念、数据结构向内部数据视图转换。

也就是说，当内部模式发生变化时，可以不改变概念模式，只需改变概念模式/内模式映像，从而不改变外模式，即保证了数据与程序的物理独立性，简称数据的物理独立性。

1.2.3 数据库系统常见的应用结构

数据库系统常见的运行与应用结构有以下几种。

1. C/S（Client/Server，客户机/服务器）结构

C/S 结构如图 1-8 所示，即大家熟知的客户机（Client）和服务器（Server）结构。通过它可以充分利用两端硬件环境的优势，将任务合理分配到 Client 端和 Server 端来实现，降低了系统的通信开销。目前大多数应用软件系统都是 Client/ Server 形式的两层结构，由于现在的软件应用系统正在向分布式的 Web 应用发展，Web 和 Client/Server 应用都可以进行同样的业务处理，应用不同的模块共享逻辑组件。因此，内部的和外部的用户都可以访问新的和现有的应用系统，通过现有应用系统中的逻辑可以扩展出新的应用系统。这也就是目前应用系统的发展方向。

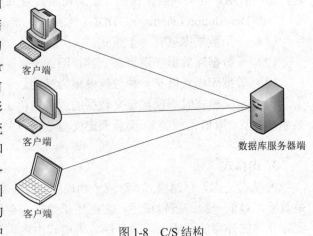

图 1-8 C/S 结构

C/S 结构下，应用服务器运行数据负荷较轻。最简单的 C/S 体系结构的数据库应用由两部分组成，即客户应用程序和数据库服务器程序。二者可分别称为前台程序与后台程序。数据的存储管理功能较为透明。

2. B/S（Browser/Server，浏览器/服务器）结构

B/S 结构如图 1-9 所示，它是 Web 兴起后的一种网络结构模式，Web 浏览器是客户端最主要的应用软件。B/S 结构即浏览器和服务器结构。它是随着 Internet 技术的兴起，对 C/S 结构的一种变化或者改进的结构。在这种结构下，用户工作界面是通过 WWW 浏览器来实现的，极少部分事务逻辑在前端（Browser）实现，主要事务逻辑在服务器端（Server）实现，形成三层（3-tier）结构。B/S 结构是 Web 兴起后的一种网络结构模式，Web 浏览器是客户端最主要的应用软件。这种模式统一了客户端，将系统功能实现的核心部分集中到服务器上，简化了系统的开发、维护和使用。

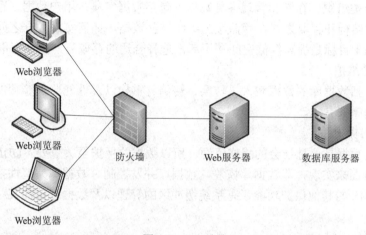

图 1-9　B/S 结构

客户机上要安装一个浏览器（Browser），如 Netscape Navigator 或 Internet Explorer，服务器要安装 MySQL、Oracle、Sybase、Informix 或 SQL Server 等数据库。浏览器通过 Web Server 同数据库进行数据交互。这样就大大简化了客户端计算机载荷，减轻了系统维护与升级的成本和工作量，降低了用户的总体成本（TCO）。

1.3　DBMS 功能与简介

DBMS 是一个操纵和管理数据库的大型软件，用于建立、使用和维护数据库。它对数据库进行统一的管理和控制，以保证数据库的安全性和完整性。用户通过 DBMS 访问数据库中的数据，数据库管理员也通过 DBMS 进行数据库的维护工作。它可使多个应用程序和用户用不同的方法在同时或不同时刻去建立、修改和询问数据库。大部分 DBMS 提供数据定义语言（Data Definition Language，DDL）和数据操作语言（Data Manipulation Language，DML），供用户定义数据库的模式结构与权限约束，实现对数据的追加、删除等操作。

1.3.1　DBMS 的功能

DBMS 为用户实现了数据库的建立、使用、维护操作，因此，DBMS 必须具备相应的功能。

1. 数据定义（描述）功能

DBMS 提供 DDL，供用户定义数据库的三级模式结构、两级映像以及完整性约束和保密

限制等约束。DDL 主要用于建立、修改数据库的库结构。

2. 数据操纵功能

DBMS 提供 DML，供用户实现对数据的追加、删除、更新、查询等操作。

3. 数据库运行管理功能

数据库的运行管理功能是 DBMS 的运行控制、管理功能，包括多用户环境下的并发控制、安全性检查和存取限制控制、完整性检查和执行、运行日志的组织管理、事务的管理和自动恢复，即保证事务的原子性。这些功能保证了数据库系统的正常运行。

4. 数据组织、存储和管理

DBMS 要分类组织、存储和管理各种数据，包括数据字典、用户数据、存取路径等，需确定以何种文件结构和存取方式在存储级上组织这些数据，如何实现数据之间的联系。数据组织和存储的基本目标是提高存储空间利用率，选择合适的存取方法提高存取效率。

5. 数据库的维护

这一部分包括数据库的数据载入、转换、转储、重构以及性能监控等功能，这些功能分别由各个应用程序来完成。

6. 数据库的保护

数据库中的数据是信息社会的战略资源，所以数据的保护至关重要。DBMS 对数据库的保护通过 4 个方面来实现，即数据库恢复、数据库并发控制、数据库完整性控制、数据库安全性控制。DBMS 的其他保护功能还有系统缓冲区的管理以及数据存储的某些自适应调节机制等。

7. 通信功能

DBMS 具有与操作系统的联机处理、分时系统及远程作业输入的相关接口，负责处理数据的传送。对网络环境下的数据库系统，还应该包括 DBMS 与网络中其他软件系统的通信功能以及数据库之间的互操作功能。

说明

◇ 常见的 DBMS 有 SyBase、DB2、Oracle、MySQL、Access、Visual Foxpro、MS SQL Server、Informix、PostgreSQL 等。

1.3.2 数据库语言

结构化查询语言（Structured Query Language，SQL）是一种特殊目的的编程语言，是一种数据库查询和程序设计语言，用于存取数据以及查询、更新和管理关系数据库系统；同时也是数据库脚本文件的扩展名。

结构化查询语言是高级的非过程化编程语言，允许用户在高层数据结构上工作。它不要求用户指定对数据的存放方法，也不需要用户了解具体的数据存放方式，所以具有完全不同底层结构的不同数据库系统，可以使用相同的结构化查询语言作为数据输入与管理的接口。结构化查询语言语句可以嵌套，这使它具有极大的灵活性和强大的功能。结构化查询语言包含以下几个部分。

1. 数据定义语言（Data Definition Language，DDL）

数据定义语言包括数据库模式定义和数据库存储结构与存取方法定义两个方面。数据库模式定义处理程序接收用数据定义语言表示的数据库外模式、模式、存储模式及它们之间的映射的定义，通过各种模式翻译程序将它们翻译成相应的内部表示形式，存储到数据库系统中称为数据字典的特殊文件中，作为数据库管理系统存取和管理数据的基本依据；而数据库存储结构和存取方法定义处理程序接收用数据定义语言表示的数据库存储结构和存取方法定义，在存储设备上创建相关的数据库文件，建立起相应物理数据库。

2. 数据操作语言（Data Manipulation Language，DML）

数据操作语言用来表示用户对数据库的操作请求，是用户与 DBMS 之间的接口。一般对数据库的主要操作包括查询数据库中的信息、向数据库插入新的信息、从数据库删除信息以及修改数据库中的某些信息等。数据操作语言通常又分为两类：一类是嵌入主语言，由于这种语言本身不能独立使用，故称为宿主型语言；另一类是交互式命令语言，由于这种语言本身能独立使用，故又称为自主型或自含型语言。

3. 数据查询语言（Data Query Language，DQL）

DQL 也称为数据检索语句，用以从表中获得数据，确定数据怎样在应用程序中给出。保留字 SELECT 是 DQL（也是所有 SQL）用得最多的词，其他 DQL 常用的保留字有 WHERE、ORDER BY、GROUP BY 和 HAVING。这些 DQL 保留字常与其他类型的 SQL 语句一起使用。

4. 数据控制语言（Data Control Language，DCL）

DCL 的语句通过 GRANT 或 REVOKE 获得许可，确定单个用户和用户组对数据库对象的访问。某些 RDBMS（Relational Data Base Management System，关系数据库管理系统）可用 GRANT 或 REVOKE 控制对表单各列的访问。

1.3.3 常用 DBMS 简介

1. Microsoft SQL Server

SQL Server 是 Microsoft 公司推出的关系型数据库管理系统。具有使用方便、可伸缩性好、与相关软件集成程度高等优点，可跨越从运行 Microsoft Windows 98 的膝上型计算机到运行 Microsoft Windows 2012 的大型多处理器的服务器等多种平台使用。Microsoft SQL Server 是一个全面 Microsoft SQL Server 数据库引擎，为关系型数据和结构化数据提供了更安全可靠的存储功能，使用户可以构建和管理用于业务的高可用和高性能的数据应用程序。

2. Oracle Database

Oracle Database，又名 Oracle RDBMS，或简称 Oracle，是甲骨文公司的一款关系数据库管理系统。它是在数据库领域一直处于领先地位的产品。可以说 Oracle 数据库系统是目前世界上最流行的关系数据库管理系统，该系统可移植性好、使用方便、功能强，适用于各类大、中、小、微机环境。它是一种高效率、可靠性好、适应高吞吐量的数据库解决方案。

3. MySQL

MySQL 是一个关系型数据库管理系统，由瑞典 MySQL AB 公司开发，目前属于 Oracle 旗下产品。MySQL 最流行的关系型数据库管理系统，在 Web 应用方面 MySQL 是最好的 RDBMS 应用软件之一。MySQL 是一种关系数据库管理系统，关系数据库将数据保存在不同的表中，而不是将所有数据放在一个大仓库内，这样就增加了速度并提高了灵活性。MySQL 所使用的 SQL 语言是用于访问数据库的最常用标准化语言。MySQL 软件采用了双授权政策，它分为社区版和商业版，由于其体积小、速度快、总体拥有成本低，尤其是开放源代码这一特点，一般中小型网站的开发都选择 MySQL 作为网站数据库。

4. Microsoft Office Access

Microsoft Office Access 是由微软发布的关系数据库管理系统。它结合了 Microsoft Jet Database Engine 和图形用户界面两项特点，是 Microsoft Office 的系统程序之一。Microsoft Office Access 是微软把数据库引擎的图形用户界面和软件开发工具结合在一起的一个数据库管理系统。MS Access 以它自己的格式将数据存储在基于 Access Jet 的数据库引擎里。它还可以直接导入或者链接数据（这些数据存储在其他应用程序和数据库中）。软件开发人员和数据架构师可以使用 Microsoft Access 开发应用软件。

5. DB2

IBM DB2 是美国 IBM 公司开发的一款关系型数据库管理系统，它的主要运行环境为 UNIX（包括 IBM 自家的 AIX）、Linux、IBM i（旧称 OS/400）、z/OS 以及 Windows 服务器版本。DB2 主要应用于大型应用系统，具有较好的可伸缩性，可支持从大型机到单用户环境，应用于所有常见的服务器操作系统平台下。DB2 提供了高层次的数据可利用性、完整性、安全性、可恢复性以及小规模到大规模应用程序的执行能力，具有与平台无关的基本功能和 SQL 命令。DB2 采用了数据分级技术，能够使大型机数据很方便地下载到 LAN 数据库服务器，使得客户机/服务器用户和基于 LAN 的应用程序可以访问大型机数据，并使数据库本地化及远程连接透明化。DB2 以拥有一个非常完备的查询优化器而著称，其外部连接改善了查询性能，并支持多任务并行查询。DB2 具有很好的网络支持能力，每个子系统可以连接十几万个分布式用户，可同时激活上千个活动线程，对大型分布式应用系统尤为适用。

此外，还有 SyBase、Visual Foxpro、Informix 和 PostgreSQL 等 DBMS。

1.3.4　开源的数据库管理系统 MySQL

MySQL 是一种关系型数据库管理系统，由瑞典 MySQL AB 公司开发，目前属于 Oracle 旗下产品。MySQL 是目前最流行的关系型数据库管理系统，在 Web 应用方面 MySQL 是最好的 RDBMS 应用软件之一。

由于其社区版的性能卓越，搭配 PHP 和 Apache 可组成良好的开发环境。

说明

◇ 与其他的大型数据库，如 Oracle、DB2、SQL Server 等相比，MySQL 也有它的不足之处，但是这丝毫也没有减少它受欢迎的程度。对于一般的个人使用者和中小型企业来说，MySQL 提供的功能已经绰绰有余，而且由于 MySQL 是开放源代码软件，因此可以大大降低总体拥有成本。

◇ Linux 作为操作系统，Apache 或 Nginx 作为 Web 服务器，MySQL 作为数据库，PHP/Perl/Python 作为服务器端脚本解释器。由于这 4 个软件都是免费或开放源代码软件（FLOSS），因此使用这种方式不用花一分钱（除去人工成本）就可以建立起一个稳定、免费的网站系统，被业界称为 LAMP 或 LNMP 组合。

MySQL 具有开源、简单和性能优越等特点。

1.4　MySQL 实验环境搭建

MySQL 数据库服务器和客户端软件可以在多种操作系统上运行，如 Linux、FreeBSD、Sun Solaris、IBM AIX 和 Windows 等操作系统。

1.4.1　MySQL Server 的安装和配置

进入 MySQL 的官方下载页面 http://dev.mysql.com/downloads/mysql/。如果想找旧的发布版本，可以选择"Looking for latest GAversion?"，如图 1-10 所示。

图 1-10　MySQL 安装包下载

MySQL 及其相关工具包括以下几个。

（1）MySQL Community Server：MySQL Community Server 包括了 MySQL 数据库服务器软件和客户端软件。

（2）MySQL Workbench：MySQL Workbench 是一个专用于 MySQL 的 ER 数据建模工具，使用 MySQL Workbench 还可以设计和创建新的数据表、操作现有数据库以及执行更复杂的服务器管理功能。

（3）MySQL Cluster：MySQL Cluster 是 MySQL 适合于分布式计算环境的高实时、高冗余版本。它采用的 NDB Cluster 存储引擎，允许在一个 Cluster 中运行多个 MySQL 服务器。

（4）MySQL Connectors：MySQL Connectors 提供基于标准驱动程序 JDBC、ODBC 和.NET 的链接，允许开发者选择语言来建立数据库应用程序。

下面讲解如何安装 Windows 版本、MySQL 数据库的使用以及 MySQL Workbench 的使用，本书所有实例基于 MySQL Community Server 5.5 和 MySQL Workbench 5.6。双击 MySQL Community Server 5.5 安装文件，选择接受协议复选框，单击"Next"按钮，如图 1-11 所示。

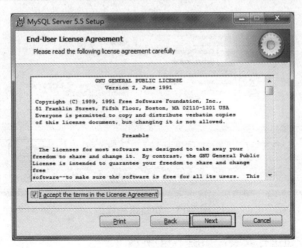

图 1-11　接受协议复选框

进入 MySQL Community Server 5.5 的 3 种安装类型选择对话框，这里单击"Custom"按钮，如图 1-12 所示。

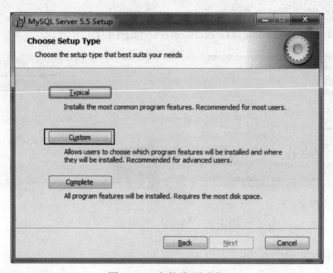

图 1-12　安装类型选择

说明

◇ Typical（典型安装）：只安装 MySQL 服务器、MySQL 命令行客户端和命令行实用程序。

◇ Custom（定制安装）：允许完全控制想要安装的软件包、安装路径和参数设置等。

◇ Complete（完全安装）：将安装包内包含的所有组件。完全安装软件包包括的组件有嵌入式服务器库、基准套件、支持脚本和文档。

单击"Next"按钮，进入准备安装界面，可以单击"Browse"按钮选择安装路径，如图 1-13 所示。

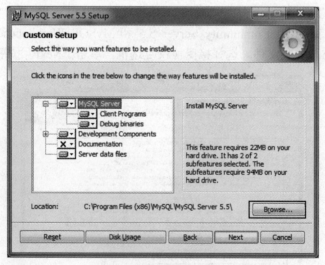

图 1-13　安装路径修改

单击"Install"按钮进行安装，如图 1-14 所示。

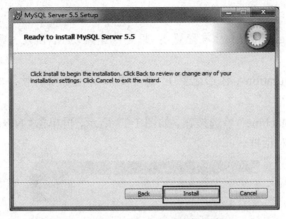

图 1-14 安装准备

安装完后，勾选"Launch the MySQL Instance Configuration Wizard"复选框，如图 1-15 所示，进入服务器配置界面。

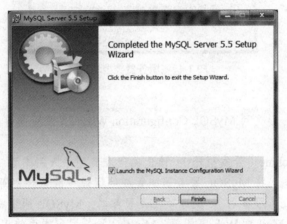

图 1-15 安装完成

安装完成后，单击"Next"按钮进入注册类型对话框，选中"Detailed Configuration"单选按钮，如图 1-16 所示，再单击"Next"按钮，进入服务器类型对话框。

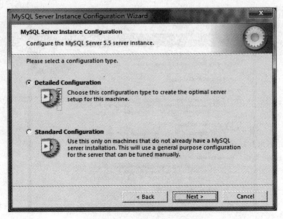

图 1-16 注册类型选择

说明

◇ Standard Configuration（标准配置）：想要快速启动 MySQL，不必考虑服务器配置，选择该选项。

◇ Detailed Configuration（详细配置）：想要更加细粒度控制服务器配置的高级用户，选择该选项。

选中"Developer Machine"单选按钮，如图 1-17 所示，再单击"Next"按钮，进入 Database Usage（数据库使用）对话框。

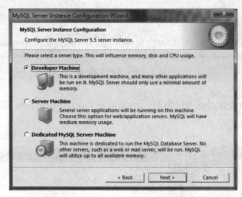

图 1-17　服务器类型选择

说明

选择哪种服务器将影响到 MySQL Configuration Wizard（配置向导）对内存、硬盘和过程或使用的决策。

◇ Developer Machine（开发机器）：该选项代表典型个人用桌面工作站，假定机器上运行着多个桌面应用程序。将 MySQL 服务器配置成使用最少的系统资源。

◇ Server Machine（服务器）：该选项代表服务器，MySQL 服务器可以同其他应用程序一起运行，如 FTP、E-Mail 和 Web 服务器，MySQL 服务器配置成使用适当比例的系统资源。

◇ Delicated MySQL Server Machine（专用 MySQL 服务器）：该选项代表只运行 MySQL 服务的服务器，假定没有运行其他应用程序，MySQL 服务器配置成使用所有可用系统资源。

选中"Multifunctional Database"单选按钮，如图 1-18 所示，再单击"Next"按钮，进入 InnoDB 表空间设置对话框。

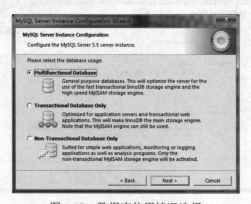

图 1-18　数据库使用情况选择

说明

通过 Database Usage 对话框可以指出创建 MySQL 表时使用的表处理器,通过该选项,可以选择是否使用 InnoDB 存储引擎,以及 InnoDB 占用多大比例的服务器资源。

✧ Multifunctional Database(多功能数据库):同时使用 InnoDB 和 MyISAM 存储引擎,并在两个引擎之间平均分配资源。建议经常使用两个存储引擎的用户选择该选项。

✧ Transactional Database Only(只是事务处理数据库):该项同时使用 InnoDB 和 MyISAM 存储引擎,但是将大多数服务器资源指派给 InnoDB 存储引擎。建议主要使用 InnoDB,只是偶尔使用 MyISAM 的用户选择该选项。

✧ Non-Transactional Database Only(只是非事务处理数据库):该选项完全禁用 InnoDB 引擎,将所有服务器资源指派给 MyISAM 存储引擎。建议不使用 InnoDB 的用户选择该选项。

本机安装路径对应的是 C 盘,所以 InnoDB 的默认路径为 C 盘下的安装路径。想要创建路径,单击 "..." 按钮,如图 1-19 所示。再单击 "Next" 按钮,进入并行连接数量的设置,如图 1-20 所示。

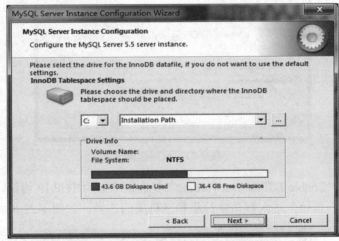

图 1-19 InnoDB 表空间设置

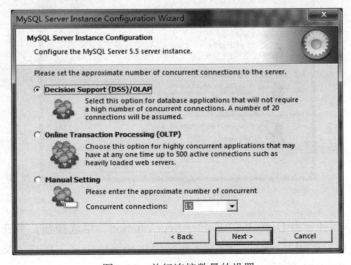

图 1-20 并行连接数量的设置

说明

◇ Decision Support（决策支持）（DSS）/OLAP：如果服务器不需要大量的并行连接，可以选择该选项，该选项假定最大连接数目设置为100，平均并行连接数为20。

◇ Online Transaction Processing（联机事务处理）（OLTP）：如果用户的服务器需要大量的并行连接则选择该选项。其最大连接数设置为500。

◇ Manual Setting（人工设置）：选择该选项可以手动设置服务器并行连接的最大数目。从 Concurrent connections 下拉列表框中选择并行连接的数目，如果所期望的数不在列表中，则在下拉列表框中输入最大连接数。

选择完成后，单击"Next"按钮，进入联网选项对话框，如图1-21所示。

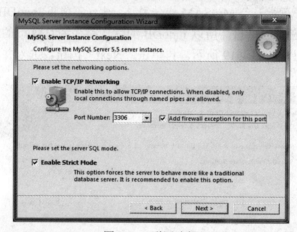

图 1-21　联网选择

可以取消勾选"Enable TCP/IP Networking"复选框来禁用 TCP/IP 协议，选择默认的端口 3306，单击"Next"按钮，进入默认字符集和字符集的选择，如图1-22所示。

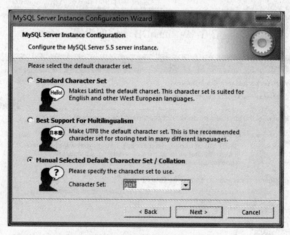

图 1-22　字符集选择

选中"Manual Selected Default Character Set/Collation"单选按钮，并在下拉列表框中选择"gbk（汉字国标扩展码）"选项，则表示支持简体和繁体中文。单击"Next"按钮进入服务选项对话框，如图1-23所示。

说明

MySQL 服务器支持多种字符集。

❖ Standard Character Set（标准字符集）：如果想要使用 Latin1 作为默认字符集，则选择该选项，Latin1 用于英语和许多西欧语言。

❖ Best Support For Multilingualism（支持多种语言）：如果想要使用 UTF8 作为默认字符集，则选择该选项，UTF8 支持几乎所有字符。

❖ Manual Selected Default Character Set/Collation（人工选择的默认字符集/校对规则）：如果想要手动选择服务器的默认字符集，则选择该项。

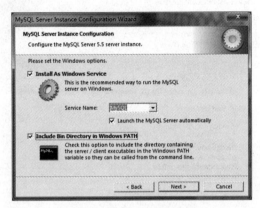

图 1-23　服务器选项配置

说明

可以从下拉列表框中选择新的服务名或输入新的服务名，这里默认服务名为 MySQL，基于 Windows 平台上，MySQL 服务器是安装成 Windows 服务的。

❖ 如果不想安装服务，可以取消对"Install As Windows Service"复选框的勾选。

❖ 想要将 MySQL 服务器安装为服务，但是不自动启动。

❖ 可以取消对"Launch the MySQL Server automatically"复选框的勾选。选择"Include Bin Directory in Windows PATH"复选框，将 MySQL 的 bin 目录加入到 Windows PATH 中。

单击"Next"按钮进入安全选项对话框，如图 1-24 所示。

设置密码并确认密码。单击"Next"按钮，执行配置，如图 1-24 所示。

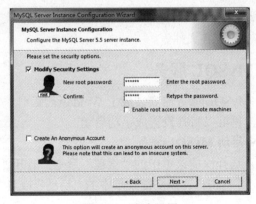

图 1-24　安全设置

说明

✧ Enable root access from remote machines：是否禁止 root 用户从其他机器进行远程登录。

✧ Create An Anonymous Account：匿名用户可以连接数据库，但不能操作数据库（包括查询）。

完成配置后，在 MySQL 安装主目录中生成一个系统配置文件 my.ini，如图 1-25 所示。

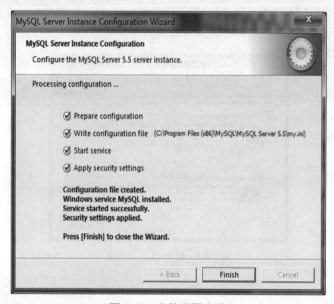

图 1-25　安装配置完成

说明

在 Windows 下，默认安装路径为 C:\Program Files\MySQL\MySQL Server 5.5 目录下。该目录下还有以下子目录。

✧ Bin：存放 MySQL 服务器和客户端运行程序。

✧ Data：存放数据库文件等。

✧ Include：存放*.h 的头文件等。

✧ Lib：存放*.lib 库文件等。

✧ Scripts 目录：存放*.pl 脚本文件等。

✧ Share：存放*.sys 多国语言文件等。

1.4.2　启动和停止 MySQL 服务

在 Windows 平台上，MySQL 服务器安装成了 Windows 服务。安装完成后，系统启动时一般自启动 MySQL 服务，也可以将其设置成手动启动。

1. 在 Windows 服务中启动 MySQL 服务

右击"计算机"图标，选择快捷菜单中的"管理"命令，展开"服务和应用程序"，选择"服务"，找到"MySQL"，并右击，选择快捷菜单中的"启动"或者"停止"命令。如图 1-26 所示。

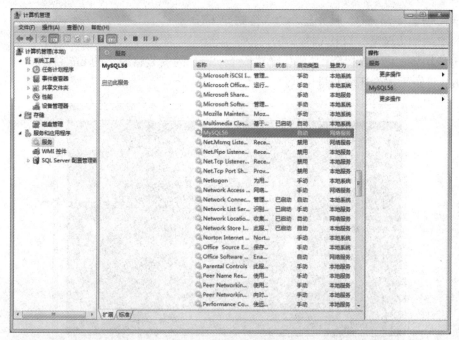

图 1-26　MySQL 服务

2. 在命令提示符窗口中使用命令启动 MySQL 服务

在命令提示符窗口中使用命令启动 MySQL 服务如图 1-27 所示。

图 1-27　在命令提示符窗口中停止和启动 MySQL 服务

1.4.3　连接和退出 MySQL 服务器

1. 连接 MySQL 服务器

1）使用命令提示符窗口连接 MySQL 服务器

打开 Windows 控制台程序，选择"开始"→"运行"菜单命令，输入"cmd"命令，进入控制台（即 DOS 界面）。

发送命令连接 MySQL 服务器，命令格式如下：

```
mysql -h 主机地址 -u 用户名 -p 用户密码 -P 端口
```

若提示结果如图 1-28 所示，则需要进入 MySQL 的安装路径下的 bin 目录或修改环境变量，将 bin 目录添加到环境变量中。

图 1-28　提示"mysql 不是内部或外部命令，也不是可运行程序"

2）使用 MySQL 客户端程序连接 MySQL 服务器

选择"开始"→"程序"命令，找到"MySQL Command Line Client"，单击"运行"按钮后输入密码，如图 1-29 所示。

图 1-29　连接 MySQL 服务器

2. 退出 MySQL 服务器

```
Exit（回车）
```

或

```
Quit（回车）
```

1.4.4　MySQL 的简单使用

下面演示几个查询，了解如何进行查询工作。

1. 查询服务器版本号和当前系统时间

```
mysql> select version(),now();
+-----------+---------------------+
| version() | now()               |
+-----------+---------------------+
| 5.5.20    | 2016-08-01 09:46:46 |
+-----------+---------------------+
1 row in set (0.00 sec)


mysql>
```

2. 查询 "1+1" 的结果

```
mysql> select 1+1;
+-----+
| 1+1 |
+-----+
|   2 |
+-----+
1 row in set (0.06 sec)
mysql>
```

注意

➢ 命令通常由 SQL 语句组成，以分号 ";" 结束。

➢ 按回车键执行命令，显示执行结果后，"mysql>" 表示准备好接受其他命令。

➢ 执行结果由行和列组成的表显示。

➢ 最后一行显示返回此命令影响的行数以及执行的时间。

➢ 不必全在一行给出一个命令，可以输入到多行中，系统见到 ";" 开始执行。

3. 执行 SQL 脚本

脚本是以批处理方式运行 MySQL 命令，将需要运行的所有命令存放在一个文件中，文件的后缀名为 ".sql"，执行这个文件，MySQL 便从此文件读取命令。

执行脚本格式：

```
Source filename
```

或

```
\. filename
```

例

在一个脚本文件（test.sql）中有以下内容，存放路径为 D 盘根目录：

```
Show databases;                /*列出所有数据库名*/
Create database test;          /*创建一个数据库名为test*/
```

```
Use test;                          /*选中数据库 test*/
Show tables;                       /*列出当前数据库中所有表名*/
```

那么在 MySQL 中执行该脚本：

```
mysql>\. D:\test.sql
```

1.4.5 MySQL 命令行实用工具

MySQL 命令行实用工具，是后缀名为 ".exe" 的可执行程序（见图 1-30），一般存放在 MySQL 的安装路径的 bin 目录下。

图 1-30　mysqld 属性

1. MySQL 服务器端的实用工具程序

（1）mysqld：SQL 后台程序（即 MySQL 服务器进程），该程序必须运行之后，客户端才能通过连接服务器来访问数据库。

（2）mysqld_safe：服务器启动脚本，在 UNIX 和 NetWare 中推荐使用 mysqld_safe 来启动 mysqld 服务器。mysqld_safe 增加了一些安全特性，如当出现错误时会重启服务器并向错误日志文件中写入运行时间信息。

（3）mysql.server：服务器启动脚本，它调用 mysqld_safe 来启动 MySQL 服务器。

（4）mysqld_multi：服务器启动脚本，可以启动或停止系统上安装的多个服务器。

（5）myisamchk：描述、检查、优化和维护 MyISAM 表的实用工具。

（6）mysqlbug：MySQL 缺陷报告脚本，可以用它来向 MySQL 邮件系统发送缺陷报告。

（7）mysql_install_db：该脚本用默认权限创建 MySQL 授权表。通常只是在系统首次安装 MySQL 时执行一次。

2. MySQL 客户端的实用工具程序

（1）myisampack：压缩 MyISAM 表以产生更小的只读表的一个工具。

（2）mysql：交互式输入 SQL 语句或以批处理模式执行它们的命令行工具。

（3）mysqlaccess：检查访问权限的主机名、用户名和数据库组合。

（4）mysqladmin：执行管理操作的客户程序，如创建或删除数据库、重载授权表、将表刷新在硬盘上以及重新打开日志文件。mysqladmin 还可以用来检索版本、进程以及服务器的状态信息。

（5）mysqlbinlog：从二进制日志读取语句的工具，在二进制日志文件中包含执行过的语句，可用来帮助系统从崩溃中恢复。

（6）mysqldump：将数据库转存到一个文件。

（7）mysqlhotcopy：当服务器再运行时，快速备份 MyISAM 或 ISAM 表的工具。

（8）mysqlimport：实用 LOADDATA INFILE 将文本文件导入相关表的客户程序。

（9）mysqlshow：显示与数据库、表、列以及索引相关的信息的客户程序。

（10）perror：显示系统或 MySQL 错误代码的含义的工具。

1.4.6 MySQL 可视化界面工具

为了提高 MySQL 的开发效率，还有很多种 MySQL 的图形界面工具，如 MySQL GUI Tools Bundle、phpMyAdmin、Navicat 及 MySQL Workbench 等。本书采用 MySQL Workbench 作示例讲解，此界面工具下载地址为 http://dev.mysql.com/downloads/workbench/。

1. 新建数据库连接管理

选择"Database"→"Manage Connection..."菜单命令，如图 1-31 所示，单击"new（新建）"按钮，如图 1-32 所示，并进行如下设置。

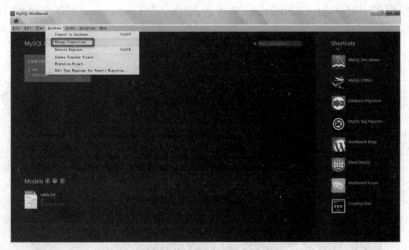

图 1-31 服务器连接管理

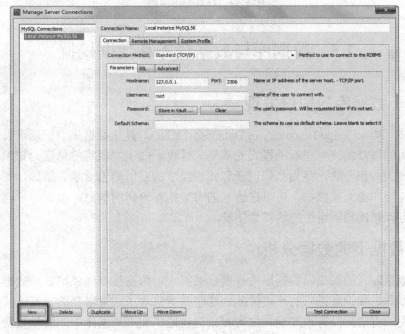

图 1-32 新建一个数据库连接

（1）Connection Name：设置连接的名字。

（2）Connection Method：设置网络传输协议，网络传输协议包括 TCP/IP、Local Socket/Pipe 和 Standard TCP/IP。

（3）Hostname：主机名或主机 IP。

（4）Port：设置 MySQL 服务器的侦听端口，默认为 3306。

（5）Username：连接用户名。

（6）Password：可以将密码保存，以便自动登录。

（7）Default Schema：设置登录的默认模式。

2. 打开连接

双击主界面的"MySQL Connections"中的其中一个 Connection，在文本框中输入密码，如图 1-33 所示。

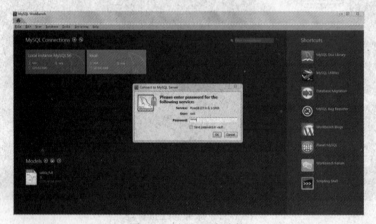

图 1-33　打开一个连接

1.5　数据库与数据仓库和数据挖掘

1.5.1　基于数据库的知识发现

知识发现（Knowledge Discovery in Database，KDD）是从数据集中识别出有效的、新颖的、潜在有用的以及最终可理解的模式的非平凡过程。知识发现将信息变为知识，从数据矿山中找到蕴藏的知识金块，将为知识创新和知识经济的发展做出贡献。例如，智能私人助理通过收集跟踪用户的大量数据，可以在恰当的时候推荐恰当的信息；根据用户网站评论或搜索的产品，可以精确预测用户的购买意图等。

1.5.2　大数据下的数据分析

随着大数据时代的到来，数据库的规模日益扩大，数据呈爆炸性增长，数据的管理则面临着"数据爆炸、知识匮乏"的严峻挑战。这些数据包含了大量潜在的、有价值的知识，有的已经被发现，有的还没有被发现。如何有效地管理和利用数据库中的海量数据，以及如何发现其中潜在的知识，需要一种新的、更为有效的手段对各种数据源进行整合并挖掘以发现新的知识，更好地发挥这些数据的潜能。因此，数据仓库（Data Warehouse，DW）和数据挖掘（Data Mining，DM）技术应运而生。

1.5.3 数据库与数据仓库

数据仓库是为企业所有级别的决策制定过程，提供所有类型数据支持的战略集合。它是单个数据存储，出于分析性报告和决策支持目的而创建，为需要业务智能的企业提供指导业务流程改进，监视时间、成本、质量以及控制的功能。

数据仓库是面向主题的，操作型数据库的数据组织面向事务处理任务。数据仓库中的数据是按照一定的主题域进行组织。主题是指用户使用数据仓库进行决策时所关心的重点方面，一个主题通常与多个操作型信息系统相关。

数据仓库是集成的，数据仓库的数据来自于分散的操作型数据，将所需数据从原来的数据中抽取出来，进行加工与集成、统一与综合之后才能进入数据仓库。

1.6 本 章 小 结

本章主要介绍了数据库概述，从应用程序开发的角度引入了数据库、数据管理系统、数据库系统等概念，进一步介绍了数据库的体系结构、数据库管理系统的功能与分类等数据库基础知识，着重讲解了 MySQL 的使用配置等，最后简单叙述了数据库技术的新发展、数据库与数据仓库及数据挖掘之间的关系。

案 例 实 现

启动 MySQL 服务，选择"计算机"→"管理"菜单命令，选择"服务"选项，启动 MySQL 服务，如图 1-34、图 1-35 所示。

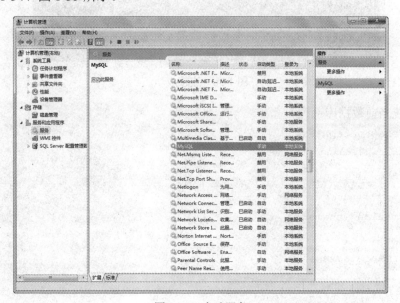

图 1-34　启动服务

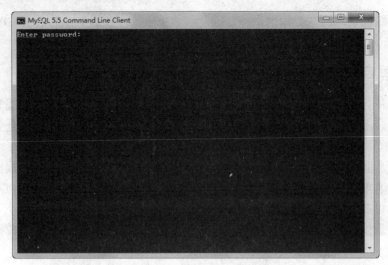

图 1-35　进入 mysql command line client 客户端

输入 root 身份的密码后连接数据库，如图 1-36 所示。

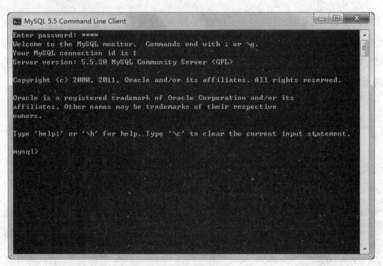

图 1-36　连接成功

查看系统当前数据库：

```
mysql> show databases;
+--------------------+
| Database           |
+--------------------+
| information_schema |
| mysql              |
| performance_schema |
+--------------------+
10 rows in set (0.00 sec)
```

查看 MySQL 当前版本：

```
mysql> select version();
+-----------+
| version() |
+-----------+
| 5.5.20    |
+-----------+
1 row in set (0.01 sec)
```

查看数据存放路径：

```
mysql> show variables like 'datadir%';
+---------------+------------------------------------------------+
| Variable_name | Value                                          |
+---------------+------------------------------------------------+
| datadir       | C:\ProgramData\MySQL\MySQL Server 5.5\Data\    |
+---------------+------------------------------------------------+
1 row in set (0.00 sec)
```

习　题

1. 什么是数据库？
2. 数据库系统与数据库管理系统的关系是什么？
3. 安装 MySQL 服务器并配置、试运行。
4. 安装 Workbench 工具。
5. 上机实践 1.4.2 小节 MySQL 的命令操作。
6. 什么是 MySQL 客户机？登录主机与 MySQL 客户机有什么关系？

第 2 章

数据库系统

📖 **学习目标：**
- ➲ 理解关系模型的概念
- ➲ 理解元组、分量、属性、候选码、主码、复合码、全码、主属性、非主属性、代理键
- ➲ 掌握关系模型操作
- ➲ 掌握关系代数中的运算

📖 **本章重点：**
- ➲ 数据模型的基本概念
- ➲ 关系代数和关系代数操作

📖 **本章难点：**
- ➲ 数据模型的基本概念和术语
- ➲ 关系代数的操作

第 1 章明确指出，数据库是长期存储在计算机内有组织、可共享的大量数据集合。

思考

数据库管理系统管理的数据是如何组织的呢？

模型是对现实世界特征的抽象，数据模型是对现实世界数据特征的抽象。在数据库的设计之前，需要对现实世界实体、实体间联系以及数据语义和一致性约束的模型进行描述。

2.1 数 据 模 型

数据模型（Data Model）是数据特征的抽象，是数据库管理的教学形式框架，数据库系统中用以提供信息表示和操作手段的形式构架。数据模型包括数据库数据的结构部分、数据库数据的操作部分和数据库数据的约束条件。数据（Data）是描述事物的符号记录。模型（Model）是现实世界的抽象。数据库系统中最常见的数据模型是层次模型、网状模型和关系模型，新型的数据模型是面向对象数据模型和对象关系数据模型。

其中应用最广泛的是关系模型，本书主要介绍关系型数据库。关系模型就是指二维表格模型，因而一个关系型数据库就是由二维表及其之间的联系组成的一个数据组织。当前主流的关系型数据库有 Oracle、DB2、PostgreSQL、Microsoft SQL Server、Microsoft Access、

MySQL、浪潮 K-DB 等。

2.2　关系数据模型

关系模型严格符合现代数据模型的定义。数据结构简单、清晰。存取路径完全向用户隐蔽，使程序和数据具有高度的独立性。关系模型的数据语言非过程化程度较高，用户性能好，具有集合处理能力，并有定义、操纵、控制一体化的优点。关系模型中，结构、操作和完整性规则三部分联系紧密。关系数据库系统为提高程序员的生产率以及端点用户直接使用数据库提供了一个现实基础。

2.2.1　基于表的数据模型

数据的组织形式可以是表（Table）的形式、树的形式及图的形式等，相对应的数据模型称为关系模型、层次模型和网状模型，这也是比较经典的数据模型。埃德加·弗兰克·科德（Edgar Frank Codd，1923—2003）提出了数据库的关系模型，受到了学术界和产业界的高度重视和广泛响应，并很快成为数据库市场的主流。数据库领域当前的研究工作大都以关系模型为基础，MySQL、SQL Server、Oracle 和 DB2 等数据库管理系统都是基于关系模型的。E.F. Codd 也因此被誉为"关系数据库之父"，并因为在数据库管理系统的理论和实践方面的杰出贡献于 1981 年获得图灵奖。

2.2.2　关系模型的相关概念

关系数据模型中，一个关系（Relation）也就是一张表。关系数据模型由数据结构、完整性约束规则和关系运算三部分构成。数据库则是由有相互关联关系的表组成。

说明

形象地说，一个关系就是一张表。

✧ 数据结构也就是描述数据库各种数据的基本形式。

✧ 关系运算描述表与表之间可能发生的各种操作。

✧ 完整性约束规则就是描述这些数据操作所应该遵循的约束条件。

2.3　数　据　结　构

表中描述的是一批有相互关联关系的数据，表也就是关系。表名和表的标题（格式）一起称为关系模式。表/关系相关术语如图 2-1 所示，表中的一行数据，称为行/元组/记录（Row/Tuple/Record）。表中的一列数据，称为列/属性/字段/数据项（Column/Attribute/Field/Data Item）。

另外，一个关系中"列"的取值范围称为域（Domain）。域是一组数据集合，这组数据集合具有相同的数据类型。

在关系中能唯一标识一个元组的属性称为关系模式的超码（Super Key）。

不含多余属性的超码称为候选码（Candidate Key）。

包含在任何一个候选码中的属性称为主属性（Primary Attribute）。

不包含在任何一个候选码中的属性称为非主属性（Nonprime Attribute）。

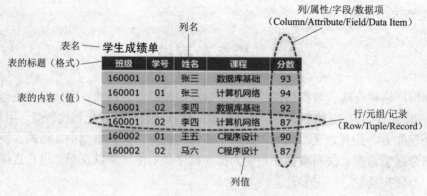

图 2-1 表/关系相关术语

用户选作元组标识的一个候选码称为主码（Primary Key），其余的候选码称为替换码（Alternate Key）。

注意

➤ 理解并记住表/关系相关术语以及码的概念，有助于理解和掌握第 5 章数据库设计中数据库设计规范化要求等内容。

例

在图 2-1 的表/关系中：

❖ 属性集合{班级，学号，课程}、{班级，学号，课程，姓名}等是超码。
❖ 属性集合{班级，学号，课程}是候选码。
❖ 属性"班级""学号""课程"是主属性。
❖ 属性"姓名""分数"是非主属性。
❖ 可选择候选码{班级，学号，课程}作为主码，即 Primary Key。

2.4 完整性约束

关系完整性是为保证数据库中数据的正确性和相容性，对关系模型提出的某种约束条件或规则。关系完整性约束包括实体完整性（Entity Integrity）、参照完整性（Reference Integrity）和用户自定义完整性（User-Defined Integrity）。

2.4.1 实体完整性

关系模式 R 的主码不可为空且不能重复。

规定表的每一行在表中是唯一的实体。实体完整性要求每一个表中的主键字段都不能为空或者重复的值。实体完整性指表中行的完整性。要求表中的所有行都有唯一的标识符，称为主关键字。主关键字是否可以修改，或整个列是否可以被删除，取决于主关键字与其他表之间要求的完整性。实体完整性规则规定，基本关系的所有主关键字对应的主属性都不能取空值。例如，学生选课的关系选课（学号，课程号，成绩）中，学号和课程号共同组成主关键字，则学号和课程号两个属性都不能为空。因为没有学号的成绩或没有课程号的成绩都是不存在的。

对于实体完整性，有以下规则。

（1）实体完整性规则针对基本关系。一个基本关系表通常对应一个实体集，如学生关系对应学生集合。

（2）现实世界中的实体是可以区分的，它们具有一种唯一性质的标识，如学生的学号、教师的职工号等。

（3）在关系模型中，主关键字（也称主码）作为唯一的标识且不能为空，如图 2-2 所示。

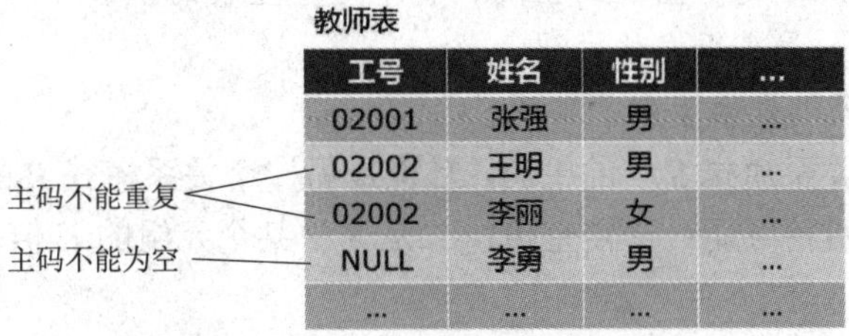

教师表

工号	姓名	性别	...
02001	张强	男	...
02002	王明	男	...
02002	李丽	女	...
NULL	李勇	男	...
...	...	...	...

主码不能重复
主码不能为空

图 2-2　实体完整性

例

在图 2-2 中，教师表中的"工号"是主码，主码不能重复，且不能为空（NULL）。

2.4.2　参照完整性

参照完整性与外码的概念有关，下面介绍外码的概念。属性或属性组 X 不是关系模式 R 的码（既不是主码也不是候选码），但 X 是另一个关系模式的码，则称 X 是 R 的外码。主码与外码提供了一个实现关系间联系的手段，也是在计算机世界描述现实世界实体间联系的手段。

参照完整性要求关系中不允许引用不存在的实体。与实体完整性一样，是关系模型，必须满足完整性约束条件，目的是保证数据的一致性。参照完整性又称引用完整性。

参照完整性属于表间规则。对于永久关系的相关表，在更新、插入或删除记录时，如果只改其一不改其二，就会影响数据的完整性。例如，修改父表中关键字值后，子表关键字值未做相应改变；删除父表的某记录后，子表的相应记录未删除，致使这些记录成为孤立记录；对于子表插入的记录，父表中没有相应关键字值的记录等。对于这些设计表间数据的完整性，统称为参照完整性。

参照完整性则是相关联的两个表之间的约束，具体地说，就是从表中每条记录外键的值必须是主表中存在的。因此，如果在两个表之间建立了关联关系，则对一个关系进行的操作要影响到另一个表中的记录。

如果实施了参照完整性，那么当主表中没有相关记录时，就不能将记录添加到相关表中。也不能在相关表中存在匹配的记录时删除主表中的记录，更不能在相关表中有相关记录时更改主表中的主键值。也就是说，实施了参照完整性后，对表中主键字段进行操作时系统会自动地检查主键字段，看看该字段是否被添加、修改、删除了。如果对主键的修改违背了参照完整性的要求，那么系统就会自动强制执行参照完整性。

例如，如果在学生表和选修课之间用学号建立关联，学生表是主表，选修课是从表，那么，在向从表中输入一条新记录时，系统要检查新记录的学号是否在主表中已存在，如果存在，则允许执行输入操作；否则拒绝输入，这就是参照完整性。

参照完整性还体现在对主表中的删除和更新操作。例如，如果删除主表中的一条记录，则从表中凡是外键的值与主表的主键值相同的记录也会被同时删除，将此称为级联删除；如果修改主表中主关键字的值，则从表中相应记录的外键值也随之被修改，将此称为级联更新。

例

在图 2-3 中，有关系班级和学生：

❖ 属性"班级"既不是学生表的主码，也不是学生表的候选码。

❖ 但属性"班级"是班级表的主码。

那么，属性"班级"是学生表的外码。

如果属性集 K 是关系模式 S 中的主码，K 也是另一个关系模式 R 的外码，那么在 R 关系中 K 的取值只允许有两种可能：一是空值；二是 S 中某个元组的 K 值。

例

在图 2-3 中，因为属性"班级"是学生表的外码，那么学生表中某班级的值"160003"为无效值，所以违反了参照完整性约束规则。

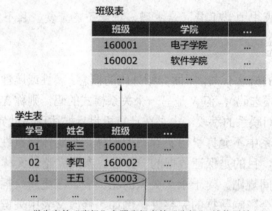

学生表的"班级"参照班级表的"班级"，该值无效

图 2-3 参照完整性

2.4.3 用户自定义完整性

用户自定义完整性是针对某一具体关系数据库的约束条件，反映某一具体应用所涉及的数据必须满足的语义要求。关系数据库提供了检验这类完整性的机制，用户自定义完整性通常是通过存储过程和触发器来实现的。

例如，某个属性必须取唯一值，某个非主属性也不能取空值，某个属性的取值范围在 0～100 之间等。

任何关系数据库系统都应该支持实体完整性和参照完整性。此外，不同的关系数据库系统根据其应用环境的不同，往往还需要一些特殊的约束条件，用户定义的完整性就是针对某一具体关系数据库的唯一约束条件。它反映某一具体应用所涉及的数据必须满足的语义要求。

不同的应用有着不同的具体要求，这些约束条件就是用户根据需要自己定义的。对于这类完整性，关系模型只提供定义和检验这类完整性的机制，以使用户能够满足自己的需求，而关系模型自身并不去定义任何这类完整性规则。

比如，员工表中的员工姓名，就可以要求不能取空值，员工性别取值只能取"男"或"女"。如果要求"考查"课的分数以 60 分或 40 分计，在用户输入"考查"课的成绩时，要进行检查，以确保满足特定的约束要求。再如"年龄"属性，如果属于某一个学生主体，则可能要求年龄在 17～25 岁之间，而如果"年轻"属性属于某一个公司员工主体，则可能要求年龄在18～40 岁之间等。

例

从图 2-4 中可以看到，"学号"和"姓名"是学生表的主要属性，如果某个元组没有这两个属性值，这个元组就没有实际意义，因此在数据库设计之初，用户便会定义这两个属性值不能为空（NULL）。系统便会自动对其进行检验，图 2-4 中的"学号"和"姓名"为 NULL，就是违反用户自定义完整性规则的。

学生表

学号	姓名	班级	...
01	张三	160001	...
NULL	李四	160002	...
03	NULL	160003	...
...	...	...

图 2-4　用户自定义完整性

2.5　关　系　代　数

关系代数是一种集合思维的操作语言，关系代数操作通常以一个或多个关系为输入，结果是一个新的关系。

关系代数的运算对象是关系，运算结果也为关系（见图 2-5）。关系代数用到的运算符包括 4 类，即集合运算符、专门的关系运算符、算术比较符和逻辑运算符。比较运算符和逻辑运算符是用来辅助专门的关系运算符进行操作的，所以按照运算符的不同，主要将关系代数分为传统的集合运算和专门的关系运算两类。

图 2-5　关系代数的操作

关系代数的运算分为原始的关系代数和附加的关系代数，原始的关系代数又分为传统的集合操作和专门的关系代数操作。

2.5.1　关系代数的组成

关系代数是一阶逻辑的分支，是闭合于运算下的关系的集合。运算作用于一个或多个关系上来生成一个关系。关系代数是计算机科学的一部分。

在纯数学中的关系代数是有关于数理逻辑和集合论的代数结构。

如同任何代数，一些运算是原始的，而可以通过原始运算来定义的另一些运算是导出的。尽管逻辑中的 AND、OR 和 NOT 的选取，在某种程度上是任意性的，是众所周知的。E.F. Codd 对他的代数作了类似的任意选取。

E.F. Codd 代数的 6 个原始运算是选择、投影、笛卡儿积（也叫作"叉积"或"交叉连接"）、并集、差集和重命名（实际上，E.F. Codd 忽略了重命名，而 ISBL 的发明者明显地包括了它）。这 6 个运算在省略其中任何一个都要损失表达能力的意义上是基本相似的。已经依据这 6 个原始运算定义了很多其他运算。其中最重要的是交集、除法和自然连接。事实上，ISBL 显著地用自然连接替代了笛卡儿积，它是笛卡儿积的退化情况。

总之，关系代数的运算有与域关系演算或元组关系演算同样的表达能力。但是出于前面介绍中给出的原因，关系代数有严格弱于没有函数符号的一阶谓词演算的表达能力。关系代数实际上对应于一阶逻辑的子集，即没有递归和否定的 Horn 子句。

2.5.2　传统的集合操作

传统的集合运算是二目运算，包括并、交、差、广义笛卡儿积 4 种运算。设有 R 和 S 两个关系模式，如图 2-6 所示。

R

A	B	C
a_1	b_1	c_1
a_1	b_2	c_2
a_2	b_2	c_1

S

A	B	C
a_1	b_2	c_2
a_1	b_3	c_2

图 2-6　设有两个关系模式 R 和 S

1. 并（Union）

设关系 R 和关系 S 具有相同的目 n（即两个关系都有 n 个属性），且相应的属性取自同一个域，则关系 R 与关系 S 的并由属于 R 或属于 S 的元组组成，如图 2-7 所示。其结果关系仍为 n 目关系。记作：$R \cup S = \{t | t \in R \vee t \in S\}$。

A	B	C
a_1	b_1	c_1
a_1	b_2	c_2
a_2	b_2	c_1
a_1	b_3	c_2

图 2-7　传统结合操作（并）结果

2. 交（*Intersection*）

设关系 R 和关系 S 具有相同的目 n，且相应的属性取自同一个域，则关系 R 与关系 S 的交由既属于 R 又属于 S 的元组组成，如图 2-8 所示。其结果关系仍为 n 目关系。记作：$R\cap S=\{t|t\in R\wedge t\in S\}$。

A	B	C
a_1	b_2	c_2

图 2-8　传统结合操作（交）结果

3. 差（*Difference*）

设关系 R 和关系 S 具有相同的目 n，且相应的属性取自同一个域，则关系 R 与关系 S 的差由属于 R 而不属于 S 的所有元组组成，如图 2-9 所示。其结果关系仍为 n 目关系。记作：$R-S=\{t|t\in R\wedge t\notin S\}$。

A	B	C
a_1	b_1	c_1
a_2	b_2	c_1

图 2-9　传统结合操作（差）结果

注意

➤ R 与 S 的并、交和差关系代数操作必须满足"并相容性"。

➤ "并相容性"是指以下两点：

（1） R 和 S 的属性个数必须相同。

（2） R 和 S 的属性类型必须相同。

4. 广义笛卡儿积（*Cartesian*）

两个分别为 n 目和 m 目的关系 R 和 S 的广义笛卡儿积是一个 $n+m$ 列的元组集合（见图 2-10）。元组的前 n 列是关系 R 的一个元组，后 m 列是关系 S 的一个元组。若 R 有 k_1 个元组，S 有 k_2 个元组，则关系 R 和关系 S 的广义笛卡儿积有 $k_1\times k_2$ 个元组。

$R\cdot A$	$R\cdot B$	$R\cdot C$	$S\cdot A$	$S\cdot B$	$S\cdot C$
a_1	b_1	c_1	a_1	b_2	c_2
a_1	b_1	c_1	a_1	b_3	c_2
a_1	b_2	c_2	a_1	b_2	c_2
a_1	b_2	c_2	a_1	b_3	c_2
a_2	b_2	c_1	a_1	b_2	c_2
a_2	b_2	c_1	a_1	b_3	c_2

图 2-10　传统结合操作（笛卡儿积）结果

2.5.3　专门的关系代数操作

专门的关系运算（Specific relation operations）包括选择、投影、连接、除等。

为了叙述上的方便，首先引入几个记号。

（1）设关系模式为 $R(A_1, A_2, \cdots, A_n)$。它的一个关系设为 R。$t \in R$ 表示 t 是 R 的一个元组。$t[A_i]$ 则表示元组 t 中相应于属性 A_i 的一个分量。

（2）若 $A=\{A_{i1}, A_{i2}, \cdots, A_{ik}\}$，其中 $A_{i1}, A_{i2}, \cdots, A_{ik}$ 是 $A_1, A_2, \cdots, A_n$ 中的一部分，则 A 称为属性列或域列。$\bar{A}$ 则表示 $\{A_1, A_2, \cdots, A_n\}$ 中去掉 $\{A_{i1}, A_{i2}, \cdots, A_{ik}\}$ 后剩余的属性组。$t[A]=(t[A_{i1}], t[A_{i2}], \cdots, t[A_{ik}])$ 表示元组 t 在属性列 A 上诸分量的集合。

（3）R 为 n 目关系，S 为 m 目关系。设 $t_r \in R, t_s \in S$，则 $\widehat{t_r t_s}$ 称为元组的连接（Concatenation）。它是一个 $n+m$ 列的元组，前 n 个分量为 R 中的一个 n 元组，后 m 个分量为 S 中的一个 m 元组。

（4）给定一个关系 $R(X, Z)$，X 和 Z 为属性组。定义当 $t[X]=x$ 时，x 在 R 中的象集（Images Set）为：$Zx=\{t[Z]|t \in R, t[X]=x\}$。

它表示 R 中属性组 X 上值为 x 的诸元组在 Z 上分量的集合。

1. 选择

选择（Selection）又称为限制（Restriction）。它是在关系 R 中选择满足给定条件的诸元组，记作：$\sigma F(R)=\{t|t \in R \wedge F(t)='真'\}$。

其中 F 表示选择条件，它是一个逻辑表达式，取逻辑值"真"或"假"。

逻辑表达式 F 的基本形式为：$X_1 \theta Y_1[\phi X_2 \theta Y_2]$。

其中 θ 表示比较运算符，它可以是 >、≥、<、≤、= 或 ≠。X_1、Y_1 等是属性名或常量或简单函数。属性名也可以用它的序号来代替。ϕ 表示逻辑运算符，它可以是 ∧ 或 ∨。[ ] 表示任选项，即 [ ] 中的部分可以要也可以不要。

因此，选择运算实际上是从关系 R 中选取使逻辑表达式 F 为真的元组（见图 2-11）。这是从行的角度进行的运算。

A	B	C
a_1	b_1	c_1
a_1	b_2	c_2
a_2	b_2	c_1

图 2-11　选择 $A='a_1'$ 的 R 中的元组

2. 投影（Projection）

关系 R 上的投影是从 R 中选择出若干属性列组成新的关系。记为：$\Pi A(R)=\{t[A]|t \in R\}$。其中 A 为 R 中的属性列（见图 2-12）。投影操作是从列的角度进行运算的。

A	B
a_1	b_1
a_1	b_2
a_2	b_2

图 2-12　投影 R 中的 A 和 B 列

3. 连接（Join）

连接包括 θ 连接、自然连接、外连接、半连接。它是从两个关系的笛卡儿积中选取属性间满足一定条件的元组。

连接运算从 R 和 S 的笛卡儿积 R×S 中选取（R 关系）在 A 属性组上的值与（S 关系）在 B 属性组上的值满足比较关系 θ 的元组。

连接运算中有两种最为重要也最为常用的连接：一种是等值连接（Equi-join）；另一种是自然连接（Natural join）。

θ 为 "=" 的连接运算称为等值连接。它是从关系 R 与 S 的笛卡儿积中选取 A、B 属性值相等的那些元组。

自然连接（Natural join）是一种特殊的等值连接，它要求两个关系中进行比较的分量必须是相同的属性组，并且要在结果中把重复的属性去掉。

一般的连接操作是从行的角度进行运算的。但自然连接还需要取消重复列，所以是同时从行和列的角度进行运算的。

4. 除（Division）

给定关系 $R(X,Y)$ 和 $S(Y,Z)$，其中 X、Y、Z 为属性组。R 中的 Y 与 S 中的 Y 可以有不同的属性名，但必须出自相同的域集。R 与 S 的除运算得到一个新的关系 $P(X)$。该 P 中只包含 R 中投影下来的 X 属性组，且该 X 属性组应满足 $R(Y)=S(Y)$。

2.5.4　附加的关系代数操作

1. 重命名（Rename）

关系代数表达式的结果没有可供引用的关系名，因此具有可赋给它们名字的能力，这是很有用的。用小写希腊字母 r 表示的命名运算可完成对关系的更名和赋予关系代数表达式结果一个名字的任务。对给定的关系代数表达式 E，表达式 $\rho x(E)$ 返回表达式 E 的结果，并把名字 x 赋给了它。例如，可以将命名运算运用于关系 r，这样可以得到一个具有新名字的相同关系。命名运算的另一种形式如下：假设关系代数表达式 E 是 n 元的，则表达式 $\rho x(A_1, A_2, \cdots, A_n)(E)$ 返回表达式 E 的结果，并赋给它名字 x，同时将 E 的各属性更名为 $A_1, A_2, \cdots, A_n$。

2. 扩展投影

广义投影使用算术函数对投影进行扩展。这其实就是投影的扩展，以更加适应现实的要求、化简、辅助的需要。广义投影运算允许在投影列表中使用算术表达式。广义投影的运算形式为：

$$\Pi_{F_1, F_2, \cdots, F_n}(E)$$

其中 E 是任意关系代数表达式，而 $F_1, F_2, \cdots, F_n$ 中的每一个都是涉及 E 的模式中属性的算术表达式。特别地，算术表达式可以仅仅是某个属性或常量。

假设关系 instructor（ID，name，dept_name，salary），且 salary 是每月的工资，如图 2-13 所示，则可以得到每个老师的 ID、name、dept_name 以及每月的工资。

ID	name	dept_name	salary
1	Jones	财务部	700
2	Smith	后勤部	400
3	Hayes	技术部	8 500
4	Curry	技术部	7 500

图 2-13　instructor 信息

得到每个老师的 ID、name、dept_name 以及每月的工资，则可以表示为：Π（ID，name，dept_name，salary）（instructor）。

3. 聚集

聚集函数是如 sum、avg、count、max 和 min 的函数，它们的输入是一个值的集合，而返回的结果是单个值。例如，对集合{1, 1, 3, 4, 4, 11}来说，上述聚集函数的输出结果分别是 24、4、6、11 和 1。问题是为什么上述集合里出现了重复的元素呢？把这样有重复元素的集合称为多重集，而一般所说的集合是多重集的特例，它里边没有重复的元素。

有时在使用聚集函数时必须去除重复值，为了表示去除重复值，可仍然使用相同的聚集函数名，但用连字符将"distinct"附加在函数名后面，例如，count-distinct 就表示集合中不重复的元素个数。特别要注意的是：一般只有在求 count 时才有可能用到去除重复的限制 distinct。

4. 分组

对关系中的元组按某一条件进行分组，并在分组的元组上使用聚集函数，这就是分组聚集。

为了满足人们永无止境的愿望，在这里对关系代数运算进行了扩展。前面讲了附加运算，附加运算可以用基本的运算来表示，那么附加运算与这里讲的扩展运算是一个意思吗？答案是否定的。扩展运算是不能用基本运算的组合来表示的，它增强了关系代数的表达能力。这里"扩展"的意思就是要突破关系运算的一些限制，从而获得更强的表达能力。这一点与邓小平同志的解放思想是不谋而合的，只有解放了思想，生产力才能得到飞速的发展。有关关系模型的扩展、关系代数中空值的论述以及外连接等概念都是 E.F. Codd 在 1979 年提出的。

5. 赋值

通过赋值给临时变量，可以将关系代数表达式分开写，达到将复杂的表达式化整为零，成为简单的表达式，这样其实是模块化，封装繁杂的细节，这样就会使看问题的观点放在各个模块上而不是繁杂的细节上，达到化简的目的。

2.6 关系数据库的基本规范化理论

假设要设计一个教学管理数据库，希望从该数据库中得到学生学号、姓名、年龄、性别、系别、系主任姓名、学生学习的课程名和该课程的成绩信息。若将此信息要求设计为一个关系，则关系模式为

```
S(Sno,Sname,Sage,Ssex,Sdept,Cno,Cname,Tname,Score)
```

字段的含义分别表示学号、姓名、年龄、性别、部门、课程号、课程名、教师姓名和分数。

可以看出，此关系模式表示为（Sno，Cno）。

设表数据如图 2-14 所示。

从 S 表中数据情况可以看出，该关系可能存在以下问题。

（1）数据冗余太大。每个部门名字 Sdept 存储的次数等于该系学生人数乘以每个学生选修的课程门数，系名重复量太大。

Sno	Sname	Sage	Ssex	Sdept	Cno	Cname	Tname	Score
2015001	张宏	20	女	计算机	C01	程序设计 C 语言	李明	90
2015001	张宏	20	女	计算机	C02	数据库基础	张芸	89
2015001	张宏	20	女	计算机	C03	数据通信原理	黄华	67
2015002	刘晓	21	男	计算机	C01	程序设计 C 语言	李明	87
2015002	刘晓	21	男	计算机	C02	数据库基础	张芸	98
2015002	刘晓	21	男	计算机	C03	数据通信原理	黄华	68

图 2-14 S 表

（2）插入异常。若有学生但没有选修课程，课程号和课程名无法插入到数据库中。

（3）删除异常。当某系的学生全部毕业而又没有招新生时，删除学生信息的同时，系信息随之删除，但这个系依然存在，而在数据库中却无法找到该系的信息，即出现了删除异常。

（4）更新异常。若课程更换老师，数据库中该课程信息记录应全部修改。如果稍有不慎，某些记录漏改了，则造成数据的不一致，即出现了更新异常。

2.6.1 函数依赖

规范化是指用形式更为简洁、结构更加规范的关系模式取代原有关系模式的过程。完整性约束条件主要包括以下两个方面：对属性取值范围的限定；属性值间的相互联系（主要体现在值的相等与否），这种联系称为数据依赖。规范化的本质：提高数据独立性，解决插入异常、删除异常、修改复杂、数据冗余等问题的方法。规范化的基本思想：逐步消除数据依赖中不合适的部分。规范化的基本原则：由低到高、逐步规范、权衡利弊、适可而止。通常，以满足第三范式为基本要求。

数据依赖是指通过一个关系中属性间值的相等与否，体现出来的数据间的相互关系，是现实世界属性间相互联系的抽象，是数据内在的性质。

数据依赖共有 3 种，即函数依赖（Functional Dependency，FD）、多值依赖（Multi-Valued Dependency，MVD）和连接依赖（Join Dependency，JD）。其中最重要的是函数依赖和多值依赖。

在数据依赖中，函数依赖是最基本、最重要的一种依赖，它是属性之间的一种联系，假设给定一个属性的值，就可以唯一确定（查找到）另一个属性的值。

例如，知道某一学生的学号，可以唯一地查询到其对应的系别，如果这种情况成立，就可以说系别函数依赖于学号。这种唯一性并非指只有一个记录，而是指任何记录。

定义 2-1 设有关系模式 $R(U)$，X 和 Y 均为 $U=\{A_1, A_2, \cdots, A_n\}$ 的子集，r 是 R 的任一具体关系，r 中不可能存在两个元组在 X 的属性值相等，而在 Y 上的属性值不等，也就是说，如果对于 r 中的任意两个元组 t 和 s，只要有 $t[X]=s[X]$，就有 $t[Y]=s[Y]$），则称 X 函数决定 Y，或称 Y 函数依赖于 X，记作 $X \rightarrow Y$。其中 X 叫作决定因素（Determinant），Y 叫作依赖因素（Dependent）。

在一张表内，两个字段值之间的一一对应关系称为函数依赖。通俗地讲，在一个数据库表内，如果字段 A 的值能够唯一确定字段 B 的值，那么字段 B 函数依赖于字段 A。

相关的术语与记号如下。

（1）$X \rightarrow Y$，但 $Y \nsubseteq X$，则称 $X \rightarrow Y$ 是非平凡的函数依赖。

（2）$X \rightarrow Y$，但 $Y \subseteq X$，则称 $X \rightarrow Y$ 是平凡的函数依赖。因为平凡的函数依赖总是成立的，所以若不特别声明，本书后面提到的函数依赖都不包含平凡的函数依赖。

（3）若 $X \rightarrow Y$，$Y \rightarrow X$，则称 $X \leftrightarrow Y$。

（4）若 Y 不函数依赖于 X，则记作 $X \nrightarrow Y$。

定义 2-2 在关系模式 $R(U)$ 中，如果 $X \rightarrow Y$，并且对于 X 的任何一个真子集 X'，都有 $X' \nrightarrow Y$，则称 Y 对 X 完全函数依赖，记作 $X \xrightarrow{f} Y$。若 $X \rightarrow Y$，如果存在 X 的某一真子集 $X'(X' \subseteq X)$，使 $X' \rightarrow Y$，则称 Y 对 X 部分函数依赖，记作：$X \xrightarrow{P} Y$。

定义 2-3 在关系模式 $R(U)$ 中，X、Y、Z 是 R 的 3 个不同的属性或属性组，如果 $X \rightarrow Y$（$Y \nsubseteq X$，Y 不是 X 的子集），且 $Y \nrightarrow X$，$Y \rightarrow Z$，$Z \nsubseteq Y$，则称 Z 传递函数依赖 X。

2.6.2 范式

数据库的设计范式是数据库设计所需要满足的规范，满足这些规范的数据库是简洁的、结构明晰的，同时，不会发生插入、删除和更新操作异常。关系按其规范化程度从低到高可分为 5 级范式（Normal Form），分别称为 1NF、2NF、3NF（BCNF）、4NF、5NF。规范化程度较高者必是较低者的子集，即 5NF⊆4NF⊆BCNF⊆3NF⊆ 2NF⊆1NF。一个低一级范式的关系模式，通过模式分解可以转换成若干个高一级范式的关系模式的集合，这个过程称为规范化。

1. 1NF

如果一个关系模式 R 的所有属性都是不可分的基本数据项，则 $R \in 1NF$。第一范式是对关系模式的最起码的要求。不满足第一范式的数据库模式不能称为关系数据库。1NF 仍然会出现插入异常、删除异常、更新异常及数据冗余等问题。

2. 2NF

如果关系模式 $R(U, F) \in 1NF$，且 R 中的每个非主属性完全函数依赖于 R 的某个候选码，则 R 满足第二范式（Second Normal Form，2NF），记作 $R \in 2NF$。

3. 3NF

如果关系模式 $R(U, F) \in 2NF$，且每个非主属性都不传递函数依赖于任何候选码，则 R 满足第三范式（Third Normal Form，3NF），记作 $R \in 3NF$。

4. BCNF

BCNF（Boyce Codd Normal Form）是由 Boyce 和 Codd 提出的，比上述的 3NF 又进了一步，通常认为 BCNF 是修正的第三范式，有时也称为扩充的第三范式。关系模式 $R(U, F) \in 1NF$，若 $X \rightarrow Y$ 且 $Y \nsubseteq X$ 时，X 必含有码，则 $R(U, F) \in BCNF$。也就是说，关系模式 $R(U, F)$ 中，若每个决定因素都包含码，则 $R(U, F) \in BCNF$。

为满足某种商业目标，数据库性能比规范化数据库更重要。

通过在给定的表中添加额外的字段，以大量减少需要从中搜索信息所需的时间。

通过在给定的表中插入计算列（如成绩总分），以方便查询。

进行规范化的同时，还需要综合考虑数据库的性能。

2.7 MySQL 的存储引擎

存储引擎实际上就是如何存储数据，如何为存储的数据建立索引和如何更新、查询数据。存储引擎也可以称为表类型。MySQL 提供了插件式（Pluggable）的存储引擎，存储引擎是基于表的。同一个数据库，不同的表，存储引擎可以不同，甚至同一个数据库表在不同的场合可以应用不同的存储引擎。

查看当前 MySQL 数据库支持的存储引擎。有以下两种方式。

（1）使用 SHOW ENGINES 命令。

（2）使用 SHOW VARIABLES LIKE 语句。

语法格式如下：

SHOW VARIABLES LIKE 'have%';

说明

✧ 上述语句可以使用分号 "；" 结束，也可以使用 "\g" 或者 "\G" 结束，其中，"\g" 的作用与分号作用相同，而 "\G" 可以让结果更加美观。

1. InnoDB 存储引擎

InnoDB 存储引擎是事务（Transaction）安全的，并且支持外键（Foreign key）。需要执行大量的增、删、改操作（即 insert、delete、update 语句），出于事务安全方面的考虑，InnoDB 存储引擎是更好的选择。

对于 InnoDB 存储引擎的数据库表而言，存在表空间的概念，InnoDB 表空间分为共享表空间与独享表空间。

2. MyISAM 存储引擎

如果某个表主要提供 OLAP 支持，建议选用 MyISAM 存储引擎。MyISAM 具有检查和修复表的大多数工具。

MyISAM 表可以被压缩，而且最早支持全文索引，但 MyISAM 表不是事务安全的，也不支持外键。

如果某张表需要执行大量的 select 语句，出于性能方面的考虑，MyISAM 存储引擎是更好的选择。

3. Memory 存储引擎

Memory 存储引擎（之前称为 HEAP 存储引擎）将表中的数据存放在内存中，如果数据库重启或发生崩溃，表中的数据都将消失。

它非常适合用于存储临时数据的临时表，以及数据仓库中的纬度表。它默认使用哈希（Hash）索引，而不是大家所熟悉的 B+树索引。其速度快，但是只支持表级锁，并发性能较差，并且不支持 TEXT 和 BLOB 列类型，会浪费内存。

4. MERGE 存储引擎

MERGE 存储引擎是一组 MyISAM 表的组合，这些 MyISAM 表必须结构完全相同，MERGE 表本身没有数据，对 MERGE 类型的表可以进行查询、更新、删除操作，这些操作实际上是对内部的 MyISAM 表进行的。

5. 其他存储引擎

（1）BLACKHOLE 存储引擎是一个非常有意思的存储引擎，功能恰如其名，就是一个"黑洞"。

（2）CSV 存储引擎实际上操作的就是一个标准的 CSV 文件，它不支持索引。

（3）ARCHIVE 存储引擎主要用于通过较小的存储空间来存放过期的很少访问的历史数据。

MySQL 默认的存储引擎为 InnoDB，适用场景是需要事务支持、行级锁定，对高并发有很好的适应能力，但需要确保查询是通过索引完成，数据更新较为频繁。

注意事项：主键尽可能小。另外，常用的存储引擎有 MyISAM，适用场景是不需要事务支持、并发相对较低、数据修改相对较少、以读为主、数据一致性要求不是非常高，尽量用索引和顺序操作；而 Memory 存储引擎适用场景是需要很快的读写速度、对数据的安全性要求较低，但不能是太大的表。

2.8 MySQL 字符集

字符集，简单地说就是一套文字符号及其编码比较规则的集合。计算机只能识别二进制代码，为了使计算机不仅能做科学计算，也能处理文字信息，人们想出了给每个文字符号编码以便于计算机识别处理的办法，这就是计算机字符集产生的原因。

字符（Character）是指人类语言中最小的表义符号，如"A""B"等；给定一系列字符，对每个字符赋予一个数值，用数值来代表对应的字符，这一数值就是字符的编码（Encoding）。例如，给字符"A"赋予数值 32，给字符"B"赋予数值 33，则 32 就是字符"A"的编码；给定一系列字符并赋予对应的编码后，所有这些字符和编码对组成的集合就是字符集（Character Set）。例如，给定字符列表为{ "A"，"B" }时，{ "A"=>32，"B"=>33}就是一个字符集。

字符序（Collation）是指在同一字符集内字符之间的比较规则。确定字符序后，才能在一个字符集上定义什么是等价的字符，以及字符之间的大小关系。每个字符序唯一对应一种字符集，但一个字符集可以对应多种字符序，其中有一个是默认字符序（Default Collation）。MySQL 中的字符序名称遵从命名惯例：以字符序对应的字符集名称开头，以_ci（表示大小写不敏感）、_cs（表示大小写敏感）或_bin（表示按编码值比较）结尾。例如，在字符序"utf8_general_ci"下，字符"a"和"A"是等价的。

1. MySQL 支持的字符集

MySQL 服务器可以支持多种字符集，在同一台服务器、同一个数据库甚至同一个表的不同字段都可以使用相同的字符集，可以用"show character set"语句查看所有可以使用的字符集。

MySQL 字符集包括字符集和校对规则两个概念。字符集用来定义 MySQL 存储字符串的方式，校对规则定义比较字符串的方式。MySQL 支持 30 多种字符集的 70 多种校对规则。

2. 查看 MySQL 字符集的设置

MySQL 的字符集和校对规则有 4 个级别的默认设置，即服务器级、数据库级、表级和字段级，它们分别在不同的地方设置，作用也不同。可以在 MySQL 服务器启动的时候确定。查看字符集设置（见图 2-15）可以使用下列语句：

```
SHOW VARIABLES LIKE 'character%';    #查看服务器的字符集
```

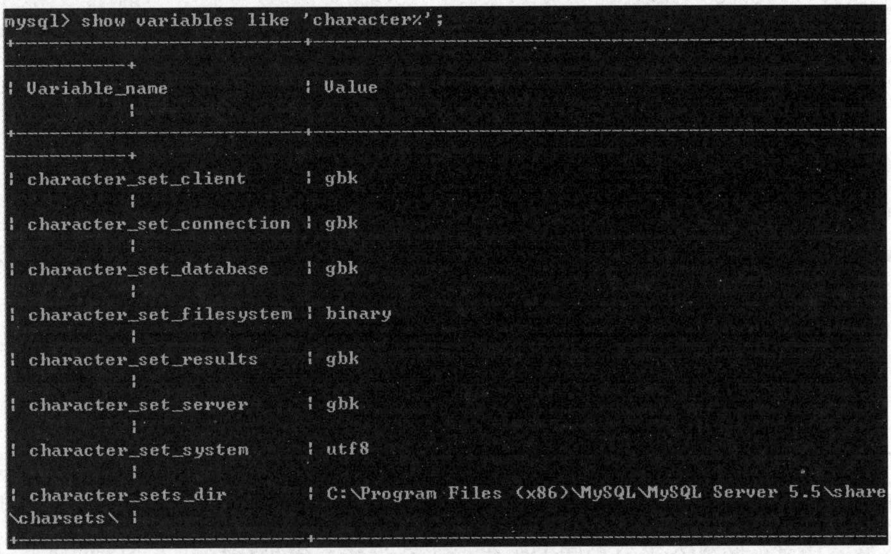

```
mysql> show variables like 'character%';
+--------------------------+-----------------------------------------------------
-------------+
| Variable_name            | Value
             |
+--------------------------+-----------------------------------------------------
-------------+
| character_set_client     | gbk
             |
| character_set_connection | gbk
             |
| character_set_database   | gbk
             |
| character_set_filesystem | binary
             |
| character_set_results    | gbk
             |
| character_set_server     | gbk
             |
| character_set_system     | utf8
             |
| character_sets_dir       | C:\Program Files (x86)\MySQL\MySQL Server 5.5\share
\charsets\ |
+--------------------------+-----------------------------------------------------
```

图 2-15　查看服务器的字符集

说明

系统变量：

✧ character_set_server：默认的内部操作字符集。

✧ character_set_client：客户端来源数据使用的字符集。

✧ character_set_connection：连接层字符集。

✧ character_set_results：查询结果字符集。

✧ character_set_database：当前选中数据库的默认字符集。

✧ character_set_system：系统元数据（字段名等）字符集。

还有以 collation_开头的同上面对应的变量，用来描述字符序。

3. 修改 MySQL 默认字符集

1）临时修改

```
SET character_set_client = gbk;
SET character_set_connection = gbk;
SET character_set_database = gbk;
SET character_set_results = gbk;
SET character_set_server = gbk;
SET collation_connection = gbk;
SET collation_database = gbk;
SET collation_server = gbk;
```

设置了表的默认字符集为 gbk，并且通过 gbk 编码发送查询，存入数据库的仍然是乱码。可能是 connection 连接层上出了问题。解决方法是在发送查询前执行下面的这句：

```
SET NAMES gbk;
```

它相当于下面的 3 句指令：

```
SET character_set_client = gbk;
SET character_set_results = gbk;
SET character_set_connection = gbk;
```

2）永久修改

修改 MySQL 的 my.ini 文件中的字符集键值，如

```
default-character-set = gbk;
character_set_server = gbk;
```

修改完后，重启 MySQL 的服务器。

2.9 本章小结

本章主要讲解关系模型和关系数据库的基本数据库理论、关系代数的基本操作，包括：传统的集合操作，如并、交、差和笛卡儿积，专门的关系代数选择、投影、连接和除，附加的关系代数操作等，以及关系数据库的基本规范化理论。本章还设计了 MySQL 工具的使用，即 MySQL 存储引擎选择设置以及 MySQL 字符集字符序的查看和选择。

习 题

设学生-课程数据库中有以下 3 个关系。

学生关系：Student（Sno，Sname，Ssex，Sage）

课程关系：Course（Cno，Cname，Teacher）

成绩关系：SC（Sno，Cno，Score）

请利用关系代数进行查询：

（1）查询学习课程号为"001"课程的学生学号和成绩。

（2）查询学习课程号为"002"课程的学生学号和姓名。

（3）查询学习课程名为"数据库"的学生学号和姓名。

（4）查询学习课程号为"001"或"002"课程的学生学号。

（5）查询不学习课程号为"002"的学生的姓名和年龄。

第 3 章

数据库基本对象的管理

📖 **学习目标：**

- ➲ 掌握几种常用数据类型
- ➲ 掌握常用完整性约束
- ➲ 掌握数据库的建立
- ➲ 掌握数据表的建立
- ➲ 掌握表结构的修改、查看
- ➲ 掌握数据库和表的管理与维护
- ➲ 掌握常用的数据类型和完整性约束

📖 **本章重点：**

- ➲ 数据类型识别
- ➲ 常用完整性约束的建立
- ➲ 数据库与表的管理
- ➲ 数据更新操作

📖 **本章难点：**

- ➲ 数据类型的选择
- ➲ 完整性约束对数据的影响

◎ 引导案例

第一次登录 MySQL 服务器可使用 root 用户身份，此用户为 MySQL 的管理员，具有最高权限。连接 MySQL 数据库后，可以使用 "SHOW DATABASES;" 语句查看当前数据库，如图 3-1 所示。若在系统中建立学生选课数据库，需要经历创建数据库—创建表—创建数据—优化数据库查询。经过本章的学习，可自行完成学生选课数据库的建立与完善。

3.1　SQL 的产生和发展

SQL 是高级的非过程化编程语言，它允许用户在高层数据结构上工作。SQL 也是一种数据库查询和程序设计语言，用于存取数据以及查询、更新和管理关系数据库系统。SQL 同时也是数据库文件格式的扩展名。

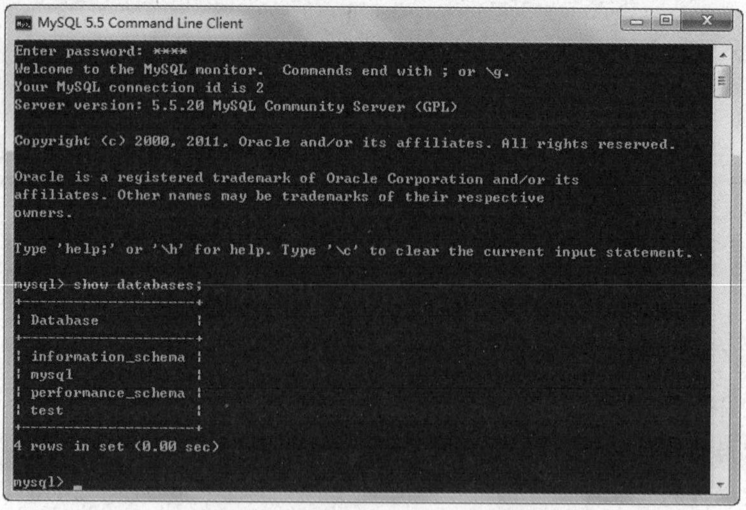

图 3-1　以 root 身份查看数据库

　　SQL 语言之所以能够为用户和业界所接受，并成为国际标准，是因为它是一个综合的、功能极强同时又简捷易学的语言。SQL 语言集数据查询（Data Query）、数据操纵（Data Manipulation）、数据定义（Data Definition）和数据控制（Data Control）功能于一体。

　　SQL 是高级的非过程化编程语言，允许用户在高层数据结构上工作。它不要求用户指定对数据的存放方法，也不需要用户了解具体的数据存放方式，所以具有完全不同底层结构的数据库系统，可以使用相同的 SQL 语言作为数据输入与管理的接口。它以记录集合作为操作对象，所有 SQL 语句接受集合作为输入，返回集合作为输出，这种集合特性允许一条 SQL 语句的输出作为另一条 SQL 语句的输入，所以 SQL 语句可以嵌套，这使它具有极大的灵活性和强大的功能，在多数情况下，在其他语言中需要一大段程序才能实现的功能只需要一条 SQL 语句就可以达到目的，这也意味着用 SQL 语言可以实现非常复杂的功能。

　　SQL 最早是 IBM 的圣约瑟研究实验室为其关系数据库管理系统 SYSTEM R 开发的一种查询语言，它的前身是 SQUARE 语言。SQL 语言结构简捷，功能强大，简单易学，所以自从 IBM 公司 1981 年推出以来，SQL 语言得到了广泛的应用。如今无论是像 Oracle、Sybase、DB2、Informix、SQL Server 这些大型的数据库管理系统，还是像 Visual Foxpro、PowerBuilder 这些 PC 上常用的数据库开发系统，都支持 SQL 语言作为查询语言。

　　美国国家标准局（ANSI）与国际标准化组织（ISO）已经制定了 SQL 标准。ANSI 是一个美国工业和商业集团组织，负责开发美国的商务和通信标准。ANSI 同时也是 ISO 和 IEC（International Electrotechnical Commission）的成员之一。ANSI 发布与国际标准组织相应的美国标准。1992 年，ISO 和 IEC 发布了 SQL 国际标准，称为 SQL-92。ANSI 随之发布的相应标准是 ANSI SQL-92。ANSI SQL-92 有时被称为 ANSI SQL。尽管不同的关系数据库使用的 SQL 版本有一些差异，但大多数都遵循 ANSI SQL 标准。SQL Server 使用 ANSI SQL-92 的扩展集，称为 T-SQL，其遵循 ANSI 制定的 SQL-92 标准。

　　在 20 世纪 70 年代初，由 IBM 公司 San Jose、California 研究实验室的埃德加·科德发表将数据组成表格的应用原则（Codd's Relational Algebra）。1974 年，同一实验室的 D.D.Chamberlin 和 R.F. Boyce 对 Codd's Relational Algebra 在研制关系数据库管理系统

System R 中，研制出一套规范语言——SEQUEL（Structured English QUEry Language），并在 1976 年 11 月的 IBM Journal of R&D 上公布新版本的 SQL（叫 SEQUEL/2）。1980 年改名为 SQL。

1979 年 Oracle 公司首先提供商用的 SQL，IBM 公司在 DB2 和 SQL/DS 数据库系统中也实现了 SQL。

1986 年 10 月，美国 ANSI 采用 SQL 作为关系数据库管理系统的标准语言（ANSI X3.135—1986），后为国际标准化组织（ISO）采纳为国际标准。

1989 年，美国 ANSI 采纳在 ANSI X3.135—1989 报告中定义的关系数据库管理系统的 SQL 标准语言，称为 ANSI SQL 89，该标准替代 ANSI X3.135—1986 版本。该标准为下列组织所采纳：

国际标准化组织（ISO），为 ISO 9075—1989 报告 "Database Language SQL With Integrity Enhancement"。

美国联邦政府，发布在 The Federal Information Processing Standard PUBlication（FIPS PUB）127。

目前，所有主要的关系数据库管理系统支持某些形式的 SQL，大部分数据库打算遵守 ANSI SQL 89 标准。

3.2　MySQL 数据库的管理

在安装完 MySQL 数据库之后，首先需要连接 MySQL 服务器，并使用有权限的用户登录，才可对数据库进行管理。连接 MySQL 数据的方法通常有以下几种。

（1）使用 MySQL 命令连接服务器。

（2）使用 MySQL 客户端工具连接服务器。

（3）使用 MySQL 界面工具连接服务器。

3.2.1　创建数据库

登录成功后，需为建立数据库存放表及其他对象，创建数据通常可使用以下语句：

```
CREATE { DATABASE | SCHEMA} [IF NOT EXISTS] db_name;
```

说明

❖ db_name：数据库名。数据库的名字必须符合操作系统文件夹命名规则。在 MySQL 中是不区分大小写的。

❖ IF NOT EXISTS：在创建数据库前进行判断，只有该数据库目前尚不存在时才执行创建数据库的操作。用此选项可以避免出现数据库已经存在而再新建的错误。

例 3-1　创建一个名为 student 的数据库，如图 3-2 所示。

```
mysql> create database student;
Query OK, 1 row affected (0.00 sec)
```

图 3-2　创建数据库

注意

➤ 若回显出现 error，则语句执行失败，请检查是否有拼写、英文符号等错误。

➤ 一条 SQL 语句默认以分号";"结束。

3.2.2 查看数据库

当对数据库进行操作后，可通过 show 命令查看当前数据库的更改情况。

```
SHOW DATABASES;
```

例 3-2 查看当前数据库，如图 3-3 所示。

图 3-3 查看数据库

说明

◇ 以 root 身份连接数据库后，可以看到系统有 4 个默认的数据库，即 information_schema、mysql、performance_schema 和 test。

◇ information_schema：是信息数据库，其中保存着关于服务器所维护的所有其他数据库的信息。提供了访问数据库元数据的方式。

◇ mysql：主要负责存储数据库的用户、权限设置、关键字等 MySQL 自己需要使用的控制和管理信息。

◇ performance_schema：主要用于收集数据库服务器性能参数。MySQL 用户是不能创建存储引擎为 performance_schema 的表。

◇ test：这个是安装时创建的一个测试数据库，和它的名字一样，是一个完全的空数据库，没有任何表，可以删除。

若需要查看某数据库 db_name 的详细情况，可使用下列语句：

```
SHOW CREATE DATABASE db_name;
```

例 3-3 查看 student 数据库的字符集等信息，如图 3-4 所示。

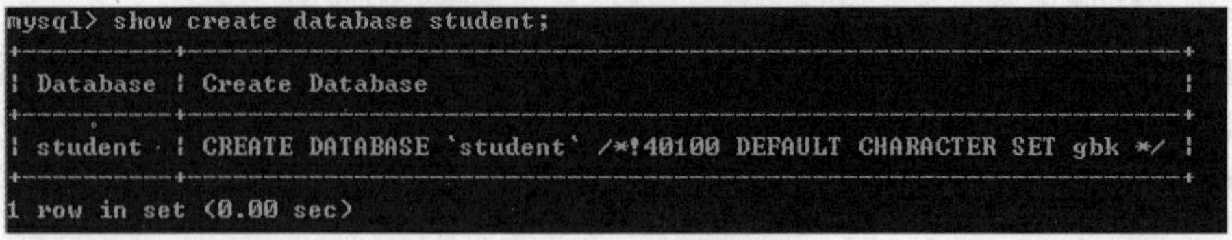

图 3-4 查看数据库字符集信息

3.2.3 删除数据库

删除数据库是指在数据库系统中删除已经存在的数据库。删除数据库之后，原来分配的空间将被收回。值得注意的是，删除数据库会删除该数据库中所有的表和所有数据，删除数据库可使用以下语句：

```
DROP  DATABASE [IF EXISTS] db_name ;
```

说明

◇ db_name：数据库名。数据库的名字必须符合操作系统文件夹命名规则。在 MySQL 中是不区分大小写的。

◇ IF EXISTS：在删除数据库前进行判断，只有该数据库目前尚存在时才执行删除数据库的操作。用此选项可以避免出现数据库不存在而产生的错误。

例 3-4 删除 student 数据库，如图 3-5 所示。

```
mysql> drop database if exists student;
Query OK, 0 rows affected (0.00 sec)
```

图 3-5 删除数据库

3.2.4 选中数据库

数据库的选中使用 USE，其格式如下：

```
USE db_name ;
```

3.3 MySQL 基本表的创建和维护

有了数据库就可以创建表来存放数据了，可使用通用的 SQL 语法用来创建 MySQL 表，创建数据表可使用 CREATE TABLE 命令：

```
CREATE  [TEMPORARY] TABLE [IF NOT EXISTS] table_name
[ ( [ column_definition ], … | [ index_definition ] ) ]
[table_option];
```

说明

◇ TEMPORARY：选择该参数，该表为临时表，临时表将在连接 MySQL 期间存在。当断开时，MySQL 将自动删除表并释放所用的空间。当然也可以在仍然连接的时候删除表并释放空间。

◇ IF NOT EXISTS：在建数据表前进行判断，只有该数据库中此表尚不存在时才执行创建数据表的操作。用此选项可以避免出现数据表已经存在而再新建的错误。

◇ table_name：创建表的表名。

◇ column_definition：列的定义、包括列名、数据类型，列级别的约束条件和默认值等。

◇ index_definition：索引的定义，具体参见第 5 章索引的创建。

◇ table_option：表选项，可以对表的引擎、字符集、字符序、描述等选项进行设置。

注意

➢ 创建基本表前，需要选中一个数据库。

➢ 在同一个数据库中，表名不能重名。

3.3.1　MySQL 数据类型

数据类型在数据结构中的定义是一个值的集合以及定义在这个值集上的一组操作。MySQL 支持的数据类型有数值型、字符串型、日期时间型、复合型、二进制型。

1. 数值型

数值型又包括整数型和小数型。

1）整数型

在 MySQL 中支持的 5 个主要整数型是 TINYINT、SMALLINT、MEDIUMINT、INT 和 BIGINT。这些类型在很大程度上是相同的，只有它们存储的值的大小是不同的，如表 3-1 所示。

表 3-1　数值型

类型	大小	范围（有符号）	范围（无符号）	用途
TINYINT	1 B	（−127，128）	（0，255）	小整数值
SMALLINT	2 B	（−32 768，32 767）	（0，65 535）	大整数值
MEDIUMINT	3 B	（−8 388 608，8 388 607）	（0，16 777 215）	大整数值
INT	4 B	（−2 147 483 648，2 147 483 647）	（0，16 777 215）	大整数值
BIGINT	8 B	（−9 233 372 036 854 775 808，9 223 372 036 854 775 807）	（0，18 446 744 073 709 551 615）	极大整数值

MySQL 以一个可选的显示宽度指示器的形式对 SQL 标准进行扩展,这样当从数据库检索一个值时，可以把这个值加长到指定的长度。例如，指定一个字段的类型为 INT(6)，就可以保证所包含数字少于 6 个的值从数据库中检索出来时能够自动地用空格填充。需要注意的是，使用一个宽度指示器不会影响字段的大小和它可以存储的值的范围。

万一需要对一个字段存储一个超出许可范围的数字，MySQL 会根据允许范围最接近它的一端截短后再进行存储。还有一个比较特别的地方是，MySQL 会在不合规定的值插入表前自动修改为 0。

UNSIGNED 修饰符规定字段只保存正值。因为不需要保存数字的正、负符号，可以在存储时节约一个"位"的空间，从而增大这个字段可以存储的值的范围。

ZEROFILL 修饰符规定 0（不是空格）可以用来填补输出的值。使用这个修饰符可以防止 MySQL 数据库存储负值。

2）小数型

MySQL 支持的 3 个小数类型是 FLOAT、DOUBLE 和 DECIMAL 类型。FLOAT 数值型用于表示单精度浮点数值，而 DOUBLE 数值型用于表示双精度浮点数值，如表 3-2 所示。

表 3-2　小数型

类型	大小	范围（有符号）	范围（无符号）	用途
FLOAT	4 B	（-3.402 823 466 E+38，1.175 494 351 E-38），0，（1.175 494 351 E-38，3.402 823 466 351 E+38）	（0，1.175 494 351 E-38，3.402 823 466 E+38）	单精度浮点数值
DOUBLE	8 B	（1.797 693 134 862 315 7 E+308，2.225 073 858 507 201 4 E-308），0，（2.225 073 858 507 201 4 E-308，1.797 693 134 862 315 7 E+308）	（0，2.225 073 858 507 201 4 E-308，1.797 693 134 862 315 7 E+308）	双精度浮点数值
DECIMAL	对 DECIMAL(M,D)，如果 $M>D$，为 $M+2$，否则为 $D+2$	依赖于 M 和 D 的值	依赖于 M 和 D 的值	小数值

与整数一样，这些类型也带有附加参数：一个显示宽度指示器和一个小数点指示器。比如，语句 FLOAT(7,3)规定显示的值不会超过 7 位数字，小数点后面带有 3 位数字。

对于小数点后面的位数超过允许范围的值，MySQL 会自动将它四舍五入为最接近它的值，再插入它。

DECIMAL 数据类型用于精度要求非常高的计算中，这种类型允许指定数值的精度和计数方法作为选择参数。精度在这里指为这个值保存的有效数字的总个数，而计数方法表示小数点后数字的位数。比如，语句 DECIMAL(7,3)规定了存储的值不会超过 7 位数字，并且小数点后不超过 3 位。

忽略 DECIMAL 数据类型的精度和计数方法修饰符，将会使 MySQL 数据库把所有标识为这个数据类型的字段精度设置为 10，计算方法设置为 0。

UNSIGNED 和 ZEROFILL 修饰符也可以被 FLOAT、DOUBLE 和 DECIMAL 数据类型使用，并且效果与 INT 数据类型相同。

2. 字符串型

MySQL 提供了几个基本的字符串类型，可以存储的范围从简单的一个字符到巨大的文本块或二进制字符串数据，如表 3-3 所示。

表 3-3　字符串型

类型	大小	用途
CHAR	0～255 B	定长字符串
VARCHAR	0～65 535 B	变长字符串
TINYBLOB	0～255 B	不超过 255 个字符的二进制字符串
TINYTEXT	0～255 B	短文本字符串
BLOB	0～65 535 B	长文本数据
TEXT	0～65 535 B	长文本数据
BINARY	0～8 000 B	固定长度的二进制数据
VARBINARY	0～2 GB	可变长度的二进制数据
MEDIUMBLOB	0～16 777 215 B	二进制形式的中等长度文本数据
MEDIUMTEXT	0～16 777 215 B	中等长度文本数据
LONGBLOB	0～4 294 967 295 B	二进制形式的极大文本数据
LONGTEXT	0～4 294 967 295 B	极大文本数据

CHAR 和 VARCHAR 类型相似，但它们保存和检索的方式不同。它们的最大长度和是否尾部空格被保留等方面也不同。在存储或检索过程中不进行大小写转换。CHAR 类型用于定长字符串，并且必须在圆括号内用一个大小修饰符来定义。这个大小修饰符的范围为 0～255。比指定长度大的值将被截短，而比指定长度小的值将会用空格填补。

CHAR 类型可以使用 BINARY 修饰符。当用于比较运算时，这个修饰符使 CHAR 以二进制方式参与运算，而不是以传统的区分大小写的方式。

CHAR 类型的一个变体是 VARCHAR 类型。它是一种可变长度的字符串类型，并且也必须带有一个范围在 0～255 之间的指示器。CHAR 和 VARCHAR 的不同之处在于 MySQL 数据库处理这个指示器的方式：CHAR 把这个大小视为值的大小，在长度不足的情况下就用空格补足。而 VARCHAR 类型把它视为最大值，并且只使用存储字符串实际需要的长度（增加一个额外字节来存储字符串本身的长度）来存储值。所以短于指示器长度的 VARCHAR 类型不会被空格填补，但长于指示器的值仍然会被截短。

因为 VARCHAR 类型可以根据实际内容动态改变存储值的长度，所以在不能确定字段需要多少字符时，使用 VARCHAR 类型可以大大地节约磁盘空间、提高存储效率。

VARCHAR 类型在使用 BINARY 修饰符时与 CHAR 类型完全相同。

对于字段长度要求超过 255 个的情况下，MySQL 提供了 TEXT 和 BLOB 两种类型。根据存储数据的大小，它们都有不同的子类型。这些大型的数据用于存储文本块或图像、声音文件等二进制数据类型。

TEXT 和 BLOB 类型在分类和比较上存在区别。BLOB 类型区分大小写，而 TEXT 不区分大小写。大小修饰符不用于各种 BLOB 和 TEXT 子类型。比指定类型支持的最大范围大的值将被自动截短。

BINARY 和 VARBINARY 类似于 CHAR 和 VARCHAR，不同的是它们包含二进制字符串而不要非二进制字符串。也就是说，它们包含字节字符串而不是字符字符串。这说明它们没有字符集，并且排序和比较基于列值字节的数值。

BLOB 是一个二进制大对象，可以容纳可变数量的数据。有 4 种 BLOB 类型，即 TINYBLOB、BLOB、MEDIUMBLOB 和 LONGBLOB。它们只是可容纳值的最大长度不同。

3. 日期时间型

在处理日期和时间类型的值时，MySQL 带有 5 个不同的数据类型可供选择。它们可以被分成简单的日期、时间类型和混合日期、时间类型。根据要求的精度，子类型在每个分类型中都可以使用，并且 MySQL 带有内置功能，可以把多样化的输入格式变为一个标准格式，如表 3-4 所示。

表 3-4 日期时间型

类型	大小	范围	格式	用途
DATE	4 B	1000-01-01—9999-12-31	YYYY-MM-DD	日期值
TIME	3 B	-838:59:59'—838:59:59'	HH:MM:SS	时间值
YEAR	1 B	1901—2155	YYYY	年份值
DATETIME	8 B	1000-01-01 00:00:00—9999-12-31 23:59:59	YYYY-MM-DD HH:MM:SS	混合日期和时间值
TIMESTAMP	4 B	1970-01-01 00:00:00—2037 年某一时刻	YYYY-MM-DD HH:MM:SS	时间戳

4. 复合型

MySQL 还支持两种复合数据类型，即 ENUM 和 SET，它们扩展了 SQL 规范。虽然这些类型在技术上是字符串类型，但是可以被视为不同的数据类型。一个 ENUM 类型只允许从一个集合中取得一个值；而 SET 类型允许从一个集合中取得任意多个值。

1）ENUM 类型

ENUM 类型只允许在集合中取得一个值，有点类似于单选项。在处理相互排斥的数据时容易让人理解，如人类的性别。ENUM 类型字段可以从集合中取得一个值或使用 null 值，除此之外的输入将会使 MySQL 在这个字段中插入一个空字符串。另外，如果插入值的大小写与集合中值的大小写不匹配，MySQL 会自动使用插入值的大小写转换成与集合中大小写一致的值。

ENUM 类型在系统内部可以存储为数字，并且从 1 开始用数字作索引。一个 ENUM 类型最多可以包含 65 536 个元素，其中一个元素被 MySQL 保留，用来存储错误信息，这个错误值用索引 0 或者一个空字符串表示。

MySQL 认为 ENUM 类型集合中出现的值是合法输入，除此之外其他任何输入都将失败。这说明通过搜索包含空字符串或对应数字索引为 0 的行，就可以很容易地找到错误记录的位置。

2）SET 类型

SET 类型与 ENUM 类型相似但不相同。SET 类型可以从预定义的集合中取得任意数量的值，并且与 ENUM 类型相同的是，任何试图在 SET 类型字段中插入非预定义的值都会使 MySQL 插入一个空字符串。如果插入一个既有合法元素又有非法元素的记录，MySQL 将会保留合法的元素，除去非法的元素。

一个 SET 类型最多可以包含 64 项元素。在 SET 元素中值被存储为一个分离的"位"序列，这些"位"表示与它相对应的元素。"位"是创建有序元素集合的一种简单而有效的方式。并且它还去除了重复的元素，所以 SET 类型中不可能包含两个相同的元素。

若希望从 SET 类型字段中找出非法的记录，只需查找包含空字符串或二进制值为 0 的行即可。

5. 二进制型

二进制型是在数据库中存储二进制数据的数据类型。二进制型包括 BINARY、VARBINARY、BIT、TINYBLOB、BLOB、MEDIUMBLOB 和 LONGBLOB。

二进制类型的取值范围如下。

BINARY(M)：字节数为 M，允许长度为 $0 \sim M$ 的定长二进制字符串。

VARBINARY(M)：允许长度为 $0 \sim M$ 的变长二进制字符串，字节数为值的长度加 1。

BIT(M)：M 位二进制数据，M 最大值为 64。

TINYBLOB：可变长二进制数据，最多 255 B。

BLOB：可变长二进制数据，最多（$2^{16}-1$）B。

MEDIUMBLOB：可变长二进制数据，最多（$2^{24}-1$）B。

LONGBLOB：可变长二进制数据，最多（$2^{32}-1$）B。

1）BINARY 和 VARBINARY 类型

BINARY 和 VARBINARY 类型都是在创建表时指定了最大长度，其基本形式为：

字符串类型(M)

这与 CHAR 类型和 VARCHAR 类型相似。例如，BINARY（10）就是指数据类型为 BINARY 类型，其最大长度为 10。

BINARY 类型的长度是固定的，在创建表时就指定了。不足最大长度的空间由"\0"补全。例如，BINARY（50）就是指定 BINARY 类型的长度为 50。

VARBINARY 类型的长度是可变的，在创建表时指定了最大长度。指定好了 VARBINARY 类型的最大值以后，其长度可以在 0 到最大长度之间。例如，VARBINARY（50）的最大字节长度是 50。但不是每条记录的字节长度都是 50。在这个最大范围内，使用多少分配多少。VARBINARY 类型实际占用的空间为实际长度加 1。这样，可以有效地节约系统的空间。

2）BIT 类型

BIT 类型也是创建表时指定了最大长度，其基本形式如下：

BIT(M)

其中，"M"指定了该二进制数的最大字节长度为 M，M 的最大值为 64。例如，BIT（4）就是数据类型 BIT 类型，长度为 4。如果字段的类型为 BIT（4），则存储的数据是 0～15。因为，变成二进制以后，15 的值为 1111，其长度为 4。如果插入的值为 16，其二进制数为 10000，长度为 5，超过了最大长度。因此大于等于 16 的数是不能插入到 BIT（4）类型的字段中的。在查询 BIT 类型的数据时，要用 BIN（字段名+0）将值转换为二进制显示。

3）BLOB 类型

BLOB 类型是一种特殊的二进制类型。BLOB 可以用来保存数据量很大的二进制数据，如图片等。BLOB 类型包括 TINYBLOB、BLOB、MEDIUMBLOB 和 LONGBLOB。这几种 BLOB 类型最大的区别就是能够保存数据的最大长度不同。LONGBLOB 的长度最大，TINYBLOB 的长度最小。

BLOB 类型与 TEXT 类型很相似。不同点在于 BLOB 类型用于存储二进制数据，BLOB 类型数据是根据其二进制编码进行比较和排序的；而 TEXT 类型是以文本模式进行比较和排序的。

注意

选择合适的数据类型应遵循以下原则：

➢ 在符合应用要求（取值范围、精度）的前提下，尽量使用"短"数据类型。

➢ 数据类型越简单越好。

➢ 尽量采用精确小数类型（如 decimal），而不采用浮点数类型。

➢ 在 MySQL 中，应该用内置的日期和时间数据类型，而不是用字符串来存储日期和时间。

➢ 尽量避免 NULL 字段，建议将字段指定为 NOT NULL 约束。

3.3.2 MySQL 完整性约束类型

为了防止不符合规范的数据进入数据库，在用户对数据进行插入、修改、删除等操作时，DBMS 自动按照一定的约束条件对数据进行监测，使不符合规范的数据不能进入数据库，以确保数据库中存储的数据正确、有效、相容。关系完整性是为保证数据库中数据的正确性和相容性对关系模型提出的某种约束条件或规则。完整性通常包括域完整性、实体完整性、参照完整性和用户自定义完整性，其中域完整性、实体完整性和参照完整性，是关系模型必须满足的完整性约束条件。

完整性约束是对字段进行限制，从而让数据符合该字段要求，以达到所期望的效果。MySQL 支持的完整性约束类型包括非空约束（NOT NULL）、默认值约束（DEFAULT）、主键约束（PRIMARY KEY）、外键约束（FOREIGN KEY）、唯一性约束（UNIQUE）和列值自增（AUTO_INCREMENT）。

1. 非空约束（NOT NULL）

非空性是指字段的值不能为空值（NULL）。非空约束将保证所有记录中该字段都有值。如果用户新插入的记录中该字段为空值，则数据库系统会报错。创建格式为：

```
Column_name  datatype  NOT NULL
```

说明

◇ Column_name：为列名。

◇ datatype：为数据类型。

例 3-5　为学生表的姓名字段创建一个非空约束，如图 3-6 所示。

图 3-6　创建非空约束

2. 主键约束（PRIMARY KEY）

一个表通常可以通过一个字段（或多个字段组合）的数据来唯一标识表中的每一行，这个字段（或字段组合）被称为表的主键（Primary key）。主键可以为表级约束，也可以为列级约束。

说明

表的主键约束有以下特点：

◇ 主键约束通过不允许一个字段（或多个字段组合）输入重复的值来保证一个表中所有行的唯一性，使所有行都是可以区分的。

◇ 一个表只能有一个主键，且构成主键的字段的数据不能为空（NULL）值。

（1）主键作为列级约束创建格式如下：

```
Column_name  datatype  PRIMARY KEY
```

例 3-6　为学生表的学号字段创建一个主键约束，如图 3-7 所示。

图 3-7　创建主键约束

（2）主键作为表级约束创建格式如下：

```
PRIMARY KEY(Column_name1,Column_name2, ...)
```

例 3-7　为学生表的学号字段创建一个主键约束，如图 3-8 所示。

```
mysql> create table student1
    -> (
    ->   id int,
    ->   name varchar(40),
    ->   primary key(id)
    -> );
Query OK, 0 rows affected (0.05 sec)
```

图 3-8　创建主键约束

3. 唯一性约束（UNIQUE）

唯一性是指所有记录中该字段的值不能重复出现。唯一性约束将保证所有记录中该字段的值不能重复出现。设置唯一性约束的基本语法规则如下：

```
Column_name datatype UNIQUE
```

例 3-8　为学生表的 email 字段创建一个唯一性约束，如图 3-9 所示。

```
mysql> create table student2(
    -> id int primary key,
    -> name varchar(10) not null,
    -> email varchar(20) unique
    -> );
Query OK, 0 rows affected (0.10 sec)
```

图 3-9　创建唯一性约束

4. 自增约束（AUTO_INCREMENT）

AUTO_INCREMENT 是 MySQL 数据库中一个特殊的约束条件。其主要用于为表中插入的新记录自动生成唯一的 ID。一个表只能有一个字段使用 AUTO_INCREMENT 约束，且该字段必须为主键的一部分。AUTO_INCREMENT 约束的字段可以是任何整数类型（TINYINT、SMALLINT、INT、BIGINT 等）。默认情况下，该字段的值是从 1 开始自增。其语法规则如下：

```
Column_name datatype AUTO_INCREMENT
```

例 3-9　为学生表的学号字段创建一个自增约束，如图 3-10 所示。

```
mysql> create table student3(
    -> id int primary key auto_increment,
    -> name varchar(10) not null,
    -> email varchar(20) unique
    -> );
Query OK, 0 rows affected (0.12 sec)
```

图 3-10　创建一个自增约束

5. 默认值约束（DEFAULT）

在创建表时可以指定表中字段的默认值。如果插入一条新的记录时没有为这个字段赋值，那么数据库系统会自动为这个字段插入默认值。设置默认值的基本语法规则如下：

```
Column_name datatype DEFAULT default_value
```

说明

◇ default_value：为具体的默认值。

例 3-10 为学生表的备注字段创建一个自增约束，如图 3-11 所示。

```
mysql> create table student4(
    -> id int primary key auto_increment,
    -> name varchar(10) not null,
    -> email varchar(20) unique,
    -> note varchar(50) default '无'
    -> );
Query OK, 0 rows affected (0.09 sec)
```

图 3-11 创建一个自增约束

6. 外键约束（FOREIGN KEY）

如果表 A 的主关键字是表 B 中的字段，则该字段称为表 B 的外键，表 A 称为主表，表 B 称为从表。

创建外键应满足以下几个条件。

（1）数据类型匹配。

（2）长度相等。

（3）位于同一数据库。

（4）主表有主键约束或唯一性约束。

设置外键的基本语法规则如下：

```
[CONSTRAINT foreign_key_name]
FOREIGN KEY(column_nameA)  REFERENCES  table_name(column_nameB)
```

说明

◇ CONSTRAINT foreign_key_name：可选项，为定义的外键约束的名称，一个表中不能有相同名称的外键。

◇ column_nameA：表示子表需要添加外键约束的字段列。

◇ table_name：被子表外键所参照的父表的名称。

◇ column_nameB：表示父表中定义的主键列。

例 3-11 为学生表和成绩表创建一个外键约束，如图 3-12 所示。

```
mysql> create table student(
    ->  sid int not null auto_increment,
    ->  name varchar(20) not null,
    ->  primary key(sid)
    -> );
Query OK, 0 rows affected (0.11 sec)

mysql> create table score(
    ->  cid int not null auto_increment primary key,
    ->  score int,
    ->  sid int,
    ->  foreign key(sid) references student(sid)
    -> );
Query OK, 0 rows affected (0.08 sec)
```

图 3-12 创建一个外键约束

例 3-12　使用 test 数据库创建 tutorials_tb1 表，如图 3-13 所示。

```
mysql> use test;
Database changed
mysql> create table tutorials_tbl(
    ->     tutorial_id INT NOT NULL AUTO_INCREMENT,
    ->     tutorial_title VARCHAR(100) NOT NULL,
    ->     tutorial_author VARCHAR(40) NOT NULL,
    ->     submission_date DATE,
    ->     PRIMARY KEY ( tutorial_id )
    -> );
Query OK, 0 rows affected (0.10 sec)
```

图 3-13　创建数据表

字段使用 NOT NULL 属性，是因为不希望这个字段的值为 NULL。因此，如果用户将尝试创建具有 NULL 值的记录，那么 MySQL 会产生错误。

字段的 AUTO_INCREMENT 属性告诉 MySQL 自动增加 id 字段下一个可用编号。

关键字 PRIMARY KEY 用于定义此列作为主键。可以使用逗号分隔多个列来定义主键。

3.3.3　查看表

查看表结构是指查看数据库中已存在的表的定义。

1. DESCRIBE 语句可以查看表的基本定义

其中包括字段名、字段数据类型、是否为主键和默认值等。DESCRIBE 语句的语法形式如下：

```
DESCRIBE | DESC  table_name;
```

例 3-13　查看表 student1 的基本定义，如图 3-14 所示。

```
mysql> describe student1;
+-------+-------------+------+-----+---------+-------+
| Field | Type        | Null | Key | Default | Extra |
+-------+-------------+------+-----+---------+-------+
| id    | int(11)     | NO   | PRI | 0       |       |
| name  | varchar(40) | YES  |     | NULL    |       |
+-------+-------------+------+-----+---------+-------+
2 rows in set (0.01 sec)

mysql> desc student1;
+-------+-------------+------+-----+---------+-------+
| Field | Type        | Null | Key | Default | Extra |
+-------+-------------+------+-----+---------+-------+
| id    | int(11)     | NO   | PRI | 0       |       |
| name  | varchar(40) | YES  |     | NULL    |       |
+-------+-------------+------+-----+---------+-------+
2 rows in set (0.01 sec)
```

图 3-14　查看表定义

2. SHOW CREATE TABLE 语句可以查看表的详细定义

该语句可以查看表的字段名、字段的数据类型、完整性约束条件等信息。此外，还可以查看表默认的存储引擎和字符编码。SHOW CREATE TABLE 语句的语法格式如下：

```
SHOW  CREATE  TABLE  table_name;
```

例 3-14　查看表 student1 的详细定义，如图 3-15 所示。

```
mysql> show create table student1;
+----------+-------------+
| Table    | Create Table |
|          |             |
+----------+-------------+
| student1 | CREATE TABLE `student1` (
  `id` int(11) NOT NULL DEFAULT '0',
  `name` varchar(40) DEFAULT NULL,
  PRIMARY KEY (`id`)
) ENGINE=InnoDB DEFAULT CHARSET=gbk |
+----------+-------------+
1 row in set (0.00 sec)
```

图 3-15　查看表详细定义

3. SHOW TABLES 语句可以查看数据库中所有表的表名

例 3-15　查看所有表，如图 3-16 所示。

```
mysql> show tables;
+----------------+
| Tables_in_test |
+----------------+
| student1       |
| student2       |
+----------------+
2 rows in set (0.00 sec)
```

图 3-16　查看所有表

3.3.4　修改表结构

1. 添加字段（ADD）

```
ALTER  TABLE  table_name
ADD [COLMUN] column_definition [ FIRST | AFTER col_name]          //添加字段
```

说明

◇ FIRST：可选参数，将新添加的字段设置为表的第一个字段。

◇ AFTER：可选参数，将新添加的字段添加到指定的列 col_name 后面。

例 3-16　向 student1 添加一个性别字段在 id 的后面，如图 3-17 所示。

```
mysql> alter table student1 add sex enum('男','女') after id;
Query OK, 0 rows affected (0.03 sec)
Records: 0  Duplicates: 0  Warnings: 0

mysql> desc student1;
+-------+---------------+------+-----+---------+-------+
| Field | Type          | Null | Key | Default | Extra |
+-------+---------------+------+-----+---------+-------+
| id    | int(11)       | NO   | PRI | NULL    |       |
| sex   | enum('男','女') | YES  |     | NULL    |       |
| name  | varchar(40)   | YES  |     | NULL    |       |
+-------+---------------+------+-----+---------+-------+
3 rows in set (0.02 sec)
```

图 3-17　添加性别字段

2. 修改表名（RENAME）

```
ALTER  TABLE  table_name  RENAME  [TO]  new_table_name
```

说明

✧ table_name：要修改的表名字。

✧ new_table_name：表的新名字。

例 3-17　将 student1 重新命名为 st，如图 3-18 所示。

```
mysql> alter table student1 rename st;
Query OK, 0 rows affected (0.00 sec)

mysql> show tables;
+-------------------+
| Tables_in_student |
+-------------------+
| st                |
+-------------------+
1 row in set (0.00 sec)
```

图 3-18　重新命名

3. 修改字段名（CHANGE）

```
ALTER  TABLE  table_name  CHANGE  column_name  new_column_name
column_definition  [FIRST | AFTER col_name]
```

说明

✧ column_name：要修改的列名字。

✧ new_column_name：列的新名字。

✧ column_definition：字段列的定义，包括数据类型和约束条件。

✧ FIRST：可选参数，将字段设置为表的第一个字段。

✧ AFTER：可选参数，将字段修改到指定的列 col_name 后面。

例 3-18　将 sex 字段重命名为性别，数据类型为 varchar（10），非空，如图 3-19 所示。

```
mysql> desc st;
+--------+-------------+------+-----+---------+-------+
| Field  | Type        | Null | Key | Default | Extra |
+--------+-------------+------+-----+---------+-------+
| id     | int(11)     | NO   | PRI | NULL    |       |
| 性别   | varchar(10) | NO   |     | NULL    |       |
| name   | varchar(40) | YES  |     | NULL    |       |
+--------+-------------+------+-----+---------+-------+
3 rows in set (0.00 sec)
```

图 3-19　将 sex 字段重命名为性别

4. 修改字段类型（MODIFY）

```
ALTER  TABLE  table_name  MODFIY  column_name
column_definition  [FIRST | AFTER col_name]
```

例 3-19　将性别字段数据类型修改为 enum，如图 3-20 所示。

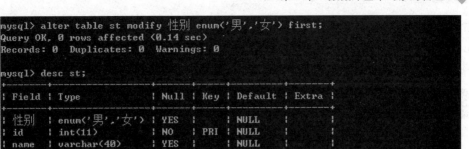

图 3-20　修改性别字段数据类型

5. 删除字段（DROP）

```
ALTER  TABLE  table_name  DROP  column_name
```

例 3-20　删除 st 表中"性别"字段，如图 3-21 所示。

```
mysql> alter table st drop 性别;
Query OK, 0 rows affected (0.02 sec)
Records: 0  Duplicates: 0  Warnings: 0
```

图 3-21　删除"性别"字段

6. 修改表的默认存储引擎（ENGINE）和字符集（CHARSET）

```
ALTER  TABLE  table_name
    [DEFAULT]  ENGINE = {myisam | innodb} CHARSET = [gbk | utf8 | ...]
```

例 3-21　修改表 st 的存储引擎为 MyISAM，字符集为 gbk，如图 3-22 所示。

```
mysql> show create table st;
+-------+----------------------------------------------+
| Table | Create Table                                 |
+-------+----------------------------------------------+
| st    | CREATE TABLE `st` (                          |
         `id` int(11) NOT NULL,
         `name` varchar(40) DEFAULT NULL,
         PRIMARY KEY (`id`)
       ) ENGINE=MyISAM DEFAULT CHARSET=gbk |
+-------+----------------------------------------------+
1 row in set (0.00 sec)
```

图 3-22　修改存储引擎和字符集

思考

如何为表添加外键约束？

3.3.5　删除表

删除表是指删除数据库中已存在的表。删除表时，会删除表中的所有数据。因此，在删除表时要特别注意。MySQL 中通过 DROP TABLE 语句来删除表。

```
DROP  TABLE  [IF EXISTS]  table_name1,table_name2,...;
```

由于创建表时可能存在外键约束，一些表成为了与之关联的表的父表。要删除这些父表，情况比较复杂。

例 3-22 删除表 st，如图 3-23 所示。

```
mysql> drop table st;
Query OK, 0 rows affected (0.00 sec)
```

图 3-23 删除表 st

3.3.6 复制表

```
CREATE  [TEMPORARY]  TABLE  [IF NOT EXISTS] table_name
[ LIKE old_table_name ]  |  [AS (select_statement)];
```

表管理中的注意事项如下。

1. 关于空值（NULL）的说明

空值通常用于表示未知、不可用或将在以后添加的数据，切不可将它与数字 0 或字符类型的空字符混为一谈。

2. 关于列的标志（IDENTITY）属性

任何表都可以创建一个包含系统所生成序号值的标志列。该序号值唯一标识表中的一列，且可以作为键值。

3. 关于列类型的隐含改变

在 MySQL 中，系统会隐含地改变在 CREATE TABEL 语句或 ALTER TBALE 语句中所指定的列类型。

长度小于 4 的 VARCHAR 类型会被改变为 CHAR 类型。

3.4 本 章 小 结

本章介绍了数据库与表管理、数据类型与完整性约束。通过本章的学习，可以掌握数据库管理基本技能，通过练习熟悉各种操作。

案 例 实 现

一个数据库 xscj 中包括表 xs、kc 和 xs_kc，表的结构如图 3-24～图 3-26 所示。

```
mysql> desc xs;
+-----------+-------------+------+-----+---------+-------+
| Field     | Type        | Null | Key | Default | Extra |
+-----------+-------------+------+-----+---------+-------+
| 学号      | char(4)     | YES  |     | NULL    |       |
| 姓名      | char(10)    | YES  |     | NULL    |       |
| 专业      | char(20)    | YES  |     | NULL    |       |
| 性别      | char(5)     | YES  |     | NULL    |       |
| 出生年月  | date        | YES  |     | NULL    |       |
| 总学分    | int(11)     | YES  |     | NULL    |       |
| 备注      | varchar(10) | YES  |     | NULL    |       |
+-----------+-------------+------+-----+---------+-------+
7 rows in set (0.06 sec)
```

图 3-24 xs 表结构

图 3-25　kc 表结构

图 3-26　xs_kc 表结构

为了存放数据表，先建立一个数据库：

```
mysql> create database xscj;
Query OK, 0 rows affected (0.09 sec)
```

分别创建 3 个表，并设置数据类型与完整性约束：

```
mysql> create table xs(
    -> 学号 char(4) primary key,
    -> 姓名 char(10) not null,
    -> 专业 char(20) not null,
    -> 性别 char(5) not null,
    -> 出生年月 date not null,
    -> 总学分 int(11) not null,
    -> 备注 varchar(10));
Query OK, 0 rows affected (0.01 sec)
mysql> create table ks(
    -> 课程号 char(4) primary key,
    -> 课程名 varchar(20) not null,
    -> 学时 int(11) not null,
    -> 开课学期 smallint(6) not null,
    -> 学分 smallint(6) not null,
    -> );
Query OK, 0 rows affected (0.01 sec)
mysql> create table xs_kc(
    -> 学号 char(4),
```

```
    -> 课程号 char(4),
    -> 成绩 int(4) not null,
    -> );
Query OK, 0 rows affected (0.01 sec)
```

Workbench 简单使用如下。

1. Workbench 主界面

（1）连接管理，如图 3-27 所示。

图 3-27　连接管理

（2）新建连接，如图 3-28 所示。

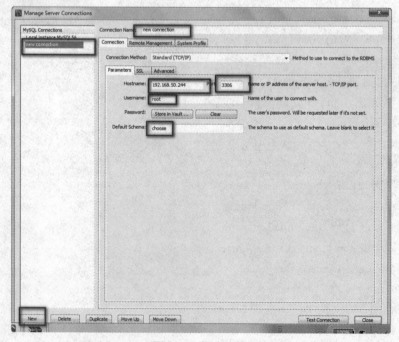

图 3-28　新建连接

（3）SQL 语句编辑器，如图 3-29 所示。

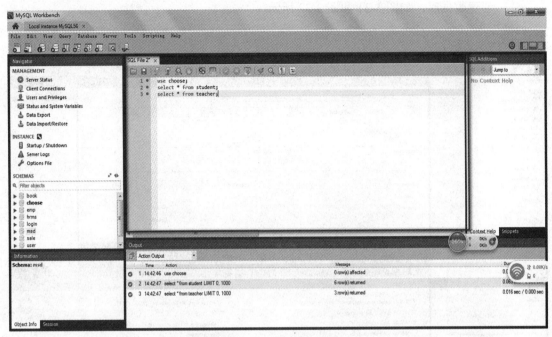

图 3-29　SQL 语句编辑

（4）单击 按钮执行所有 SQL。
（5）单击 按钮执行单条 SQL。
（6）选择查看返回结果集，如图 3-30 所示。

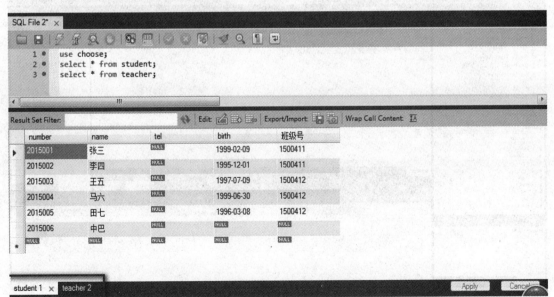

图 3-30　选择查看返回结果集

（7）单击 按钮保存脚本。

2. 数据库和表的管理

（1）创建数据库，如图 3-31 和图 3-32 所示。

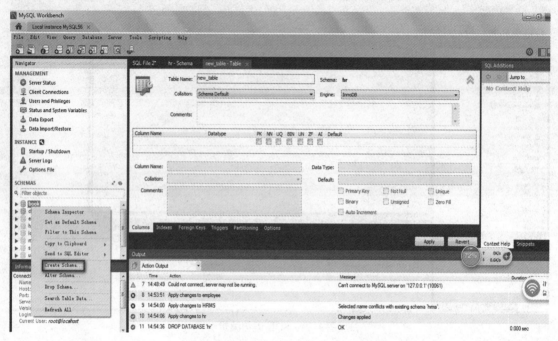

图 3-31　创建数据库

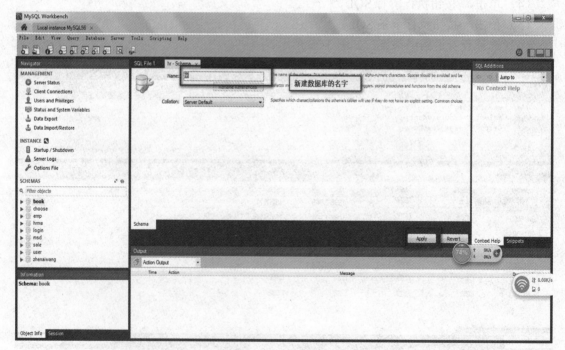

图 3-32　设置数据库名称

（2）创建表，如图 3-33～图 3-36 所示。

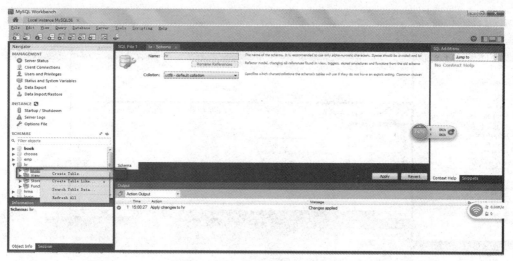

图 3-33　选择快捷菜单命令

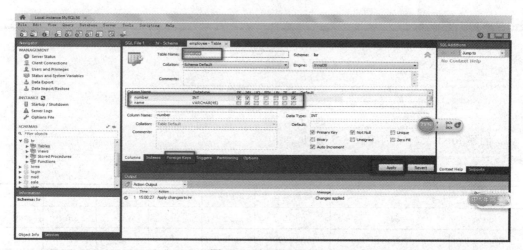

图 3-34　创建好的表

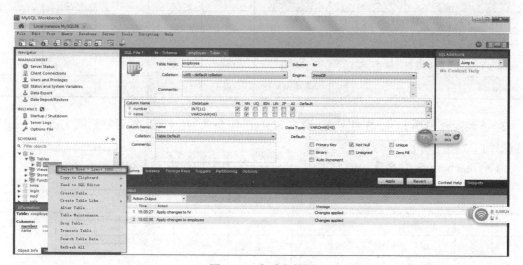

图 3-35　查看表数据

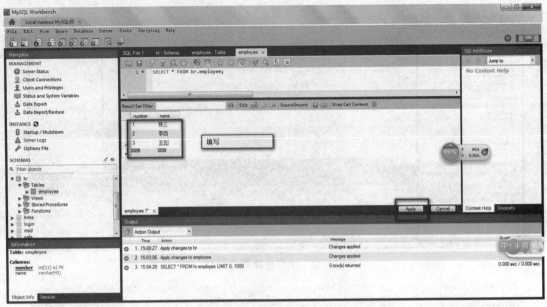

图 3-36　插入数据

习　　题

1. 创建 food 表，结构如表 3-5 所列。

表 3-5　food 表

字段名	字段描述	数据类型	主键	外键	非空	唯一	自增
id	编号	int(10)	是	否	是	是	是
name	食品名称	varchar(20)	否	否	是	否	否
company	生产厂商	varchar(30)	否	否	是	否	否
price	价格（单位：元）	float	否	否	否	否	否
produce_time	生产年份	year	否	否	否	否	否
validity_time	保质期（单位：年）	int(4)	否	否	否	否	否
address	厂址	varchar(50)	否	否	否	否	否

2. 下列操作采用 SQL 语句完成，请将 SQL 语句写入 txt 文档，然后将后缀名改成".sql"，以自己的"学号+姓名"命名。

（1）Teacherinfo 数据库：向脚本中 teacherinfo 表添加约束，表结构如表 3-6 所列。

表 3-6　teacherinfo 表

字段名	字段描述	数据类型	主键	非空	唯一	自增	默认值
Id	编号	Int(4)	是	是	是	是	否
Num	教工号	Int(10)	否	是	是	否	否

续表

字段名	字段描述	数据类型	主键	非空	唯一	自增	默认值
Name	姓名	Varchar(10)	否	是	否	否	否
Sex	性别	Varchar(4)	否	是	否	否	"不详"
Birthday	出生日期	Datetime	否	否	否	否	否
Address	家庭住址	Varchar(50)	否	否	否	否	否

（2）Staffinfo 数据库：向脚本中 department 表添加约束，表结构如表 3-7 所列。

表 3-7　department 表

字段名	字段描述	数据类型	主键	非空	唯一	自增	默认值
D_id	部门号	Int(4)	是	是	是	是	否
D_name	部门名	Varchar(20)	否	是	是	否	否
Fuction	部门职能	Varchar(50)	否	否	否	否	否
Address	部门位置	Varchar(20)	否	否	否	否	否

（3）Staffinfo 数据库：向脚本中 worker 表添加约束，表结构如表 3-8 所列。

表 3-8　worker 表

字段名	字段描述	数据类型	主键	非空	唯一	自增	默认值
Id	编号	Int(4)	是	是	是	是	否
Num	员工号	Int(10)	否	是	是	否	否
D_id	部门号	Int(4)	否	是	否	否	否
Name	员工姓名	Varchar(20)	否	是	否	否	"否"
Sex	性别	Varchar(4)	否	否	否	否	"不详"
Birthday	出生日期	Date	否	否	否	否	否

第 4 章

表数据的操作

📖 **学习目标：**
- ➲ 掌握表数据的基本操作
- ➲ 掌握数据的插入
- ➲ 掌握数据的修改和删除
- ➲ 掌握数据库单表查询
- ➲ 掌握数据库分组查询
- ➲ 理解连接查询
- ➲ 掌握子查询

📖 **本章重点：**
- ➲ SELECT 各子句作用
- ➲ 熟练掌握数据查询语句
- ➲ 单表查询
- ➲ 多表查询

📖 **本章难点：**
- ➲ 连接查询
- ➲ 子查询

◎ 引导案例

利用学生选课数据库，根据要求使用 SELECT 各子句查询数据，当涉及多个表的数据查询时，可使用连接查询与子查询完成。经过本章的学习，学生可根据需求查询学生选课数据库中的数据。

4.1 MySQL 数据操作

通过数据操作语言（Data Manipulation Language，DML），用户可以实现对数据库的基本操作。例如，对表中数据的插入、删除和修改。插入数据是向表中插入新的记录，通过 INSERT 语句来实现。更新数据是改变表中已经存在的数据，使用 UPDATE 语句来实现。删除数据是删除表中不再使用的数据，通过 DELETE 语句来实现。

数据更新（Data revision）是以新数据项或记录替换数据文件或数据库中与之相对应的旧数据项或记录的过程。通过删除—修改—再插入的操作来实现。插入数据通过 INSERT 语句来实现，更新数据通过 UPDATE 语句来实现，删除数据通过 DELETE 语句来实现。

4.2　数 据 插 入

INSERT 用于向一个已有的表中插入新行。INSERT...VALUES 语句根据明确指定的值插入行。

4.2.1　INSERT 语句

1. INSERT 语句中不指定具体的字段名

```
INSERT INTO table_name VALUES(value1,value2,…,valuen)
```

说明

✧ table_name：插入数据的表的名字。

✧ values1，values2，…：插入对应列的值。

例 4-1　创建一个数据库 links，再创建一张 links 表，如图 4-1 所示。

```
mysql> create database links;
Query OK, 1 row affected (0.02 sec)

mysql> use links;
Database changed
mysql> create table links
    -> (
    -> name varchar(255) primary key,
    -> address varchar(255) not null
    -> );
Query OK, 0 rows affected (0.03 sec)
```

图 4-1　创建数据库和表

例 4-2　插入一条数据，name 设为"jerichen"，address 设为"gdsz"，如图 4-2 所示。

```
mysql> insert into links values('jerichen','gdsz');
Query OK, 1 row affected (0.00 sec)
```

图 4-2　插入数据

例 4-3　插入完数据后，可以使用 SELECT 语句来查看数据是否已经成功插入，如图 4-3 所示。

```
mysql> select * from links;
+----------+---------+
| name     | address |
+----------+---------+
| jerichen | gdsz    |
+----------+---------+
1 row in set (0.00 sec)
```

图 4-3　查看插入的数据

注意

创建视图时需要注意以下几点:

➢ links 表包含两个字段,那么 INSERT 语句中的值也应该是两个。

➢ 而且数据类型也应该与字段的数据类型相一致。

➢ links 表这两个字段是字符串类型,取值必须加上引号。如果不加上引号,数据库系统会报错。

2. INSERT 语句中选择字段插入

```
INSERT INTO table_name(col_name1,col_name2,col_namen)
VALUES(value1,value2,…,valuen);
```

例 4-4 插入数据,列出表中所有字段,如图 4-4 所示。

```
mysql> insert into links(name,address) values('admin','jise');
Query OK, 1 row affected (0.00 sec)

mysql> select * from links;
+----------+---------+
| name     | address |
+----------+---------+
| admin    | jise    |
| jerichen | gdsz    |
+----------+---------+
2 rows in set (0.00 sec)
```

图 4-4 列出表中字段

注意

➢ 如果表的字段比较多,用第二种方法就比较麻烦。但是,第二种方法比较灵活,可以随意地设置字段的顺序,而不需要按照表定义时的顺序。值的顺序也必须随着字段顺序的改变而改变。

➢ 这种方式也可以随意地设置字段的顺序,而不需要按照表定义时的顺序。

3. 同时插入多条记录

```
INSERT INTO table_name[(col_namelist)]
VALUES(valuelist1),(valuelist2),…(valuelistn);
```

例 4-5 同时插入多条数据,如图 4-5 所示。

```
mysql> insert into links values
    -> ('abc','abc'),
    -> ('esf','esf');
Query OK, 2 rows affected (0.00 sec)
Records: 2  Duplicates: 0  Warnings: 0

mysql> select * from links;
+----------+---------+
| name     | address |
+----------+---------+
| abc      | abc     |
| admin    | jise    |
| esf      | esf     |
| jerichen | gdsz    |
+----------+---------+
4 rows in set (0.00 sec)
```

图 4-5 同时插入多条数据

注意

➢ 不指定字段时，必须为每个字段都插入数据。如果指定字段，就只需要为指定的字段插入数据。

➢ 向 MySQL 的某个表中插入多条记录时，可以使用多个 INSERT 语句逐条插入记录，也可以使用一个 INSERT 语句插入多条记录。选择哪种方式通常根据个人喜好来决定。如果插入的记录很多，一个 INSERT 语句插入多条记录的方式的速度会比较快。

4.2.2 带字段约束条件的数据插入

带有字段约束条件的数据插入有一些注意事项，下面用一个部门表的案例来说明，部门表的表结构如图 4-6 所示。

```
mysql> create table dept
    -> (
    ->  id int primary key auto_increment,
    ->  name varchar(20) not null unique,
    ->  location varchar(20) default 'A栋'
    -> );
Query OK, 0 rows affected (0.03 sec)
```

图 4-6 创建一个部门（dept）表

在 dept 表中，部门编号（id）是主键，且是自增型字段，那么对于 id 的插入不能重复且不能为空。部门名（Name）是非空且唯一，不能插入空值，位置（Location）有一个默认值为"A栋"。插入一条数据，如图 4-7 所示。

```
mysql> insert into dept values(null,'财务部',default);
Query OK, 1 row affected (0.01 sec)

mysql> select * from dept;
+----+--------+----------+
| id | name   | location |
+----+--------+----------+
|  1 | 财务部 | A栋      |
+----+--------+----------+
1 row in set (0.00 sec)
```

图 4-7 插入空值和默认值

注意

➢ 通常，对于 auto_increment 字段插入 NULL 值，让系统自动去维护。

➢ 对于默认值字段，如果插入 default 值，即是插入该字段的默认值。

➢ 如果表示该值未知，通常插入 NULL 而不是"0"或者" "。

➢ 当然，对于有 auto_increment、default 和 NULL，也可以插入其他值。

➢ 一张表只能有一个 auto_increment 约束，且其字段类型必须是整数型。

4.2.3 将查询结果插入表中

INSERT 命令还可以将 SELECT 语句查询出来的结果插入表中：

```
INSERT INTO table_name[(col_namelist)]
Select_statement
```

说明

◇ Select_statement：可以单独执行的查询语句。

4.3 数据修改和删除

4.3.1 UPDATE 语句

UPDATE 语句的功能是更新表中的数据。其语法和 INSERT 的第二种用法相似。必须提供表名以及 SET 表达式，在后面可以加 WHERE 以限制更新的记录范围。

```
UPDATE table_name SET column_name1 = value1, column_name2 = value2, ...  [WHERE
条件表达式];
```

例 4-6 向 dept 表中插入多条数据后，再将 dept 表中 location 字段全部改成"A 栋 1 楼"，如图 4-8 所示。

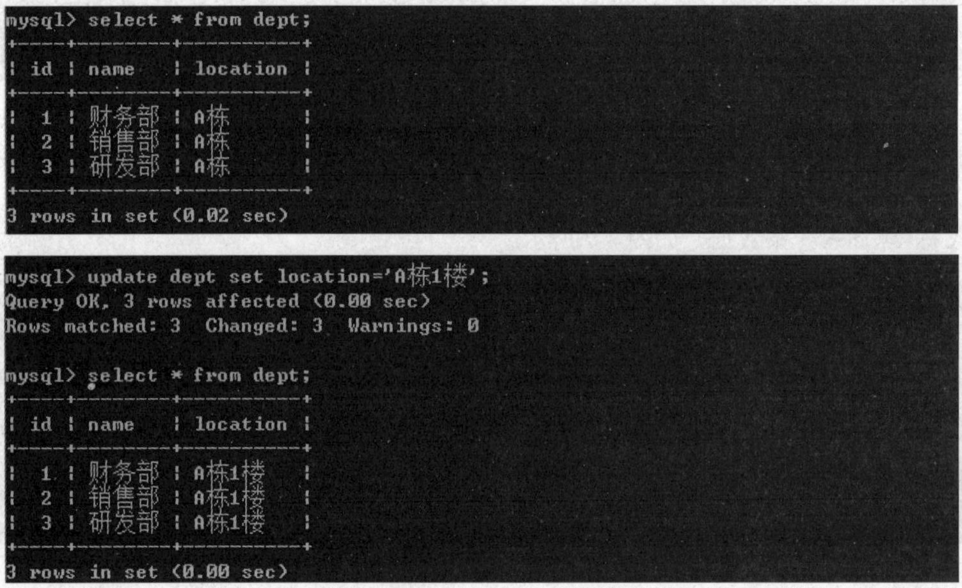

图 4-8 例 4-6 图

在例 4-6 中，UPDATE 将更新表中所有记录的值。若想更新满足条件的记录，可以使用 WHERE 子句。如果被更新字段的类型和所赋的值不匹配时，MySQL 将这个值转换为相应类型的值。如果这个字段是数值类型，而且所赋值超过了这个数据类型的最大范围，那么 MySQL 就将这个值转换为这个范围的最大值或最小值。如果字符串太长，MySQL 就将多余的字符串截去。

在使用 UPDATE 更新记录时，有两种情况 UPDATE 不会影响表中的数据。

（1）当 WHERE 中的条件在表中没有记录和它匹配时。

（2）当将同样的值赋给某个字段时，如将字段 abc 赋为'123'，而 abc 的原值就是'123'。

和 INSERT 一样，UPDATE 也返回所更新的记录数。但这些记录数并不包括满足 WHERE 条件的却未被更新的记录。如下列的 UPDATE 语句就未更新任何记录。

例 4-7　将 dept 表中财务部的 location 改为"B 栋 2 楼",如图 4-9 所示。

```
mysql> update dept set location='B栋2楼';
Query OK, 3 rows affected (0.02 sec)
Rows matched: 3  Changed: 3  Warnings: 0

mysql> select * from dept;
+----+--------+----------+
| id | name   | location |
+----+--------+----------+
|  1 | 财务部 | B栋2楼   |
|  2 | 销售部 | B栋2楼   |
|  3 | 研发部 | B栋2楼   |
+----+--------+----------+
3 rows in set (0.00 sec)
```

图 4-9　修改 dept 表

注意

➢ 需要注意的是,如果一个字段的类型是时间戳型(TIMESTAMP),那么这个字段在其他字段更新时自动更新。

例 4-8　创建一个部门表 2(dept2),和部门表(dept)的结构一样,并将 dept 中的数据插入到 dept2 中,如图 4-10 所示。

```
mysql> create table dept2 like dept;
Query OK, 0 rows affected (0.01 sec)

mysql> insert into dept2 select * from dept;
Query OK, 3 rows affected (0.02 sec)
Records: 3  Duplicates: 0  Warnings: 0

mysql> select * from dept2;
+----+--------+----------+
| id | name   | location |
+----+--------+----------+
|  1 | 财务部 | B栋2楼   |
|  2 | 销售部 | B栋2楼   |
|  3 | 研发部 | B栋2楼   |
+----+--------+----------+
3 rows in set (0.00 sec)
```

图 4-10　创建部门表 2

4.3.2　DELETE 语句

删除数据是删除表中已经存在的记录。在 MySQL 中,通过 DELETE 语句来删除数据:

```
DELETE FROM table_name [WHERE 条件表达式];
```

DELETE 语句中如果不加上"WHERE 条件表达式",数据库系统会删除指定表中的所有数据。请谨慎使用。

如果想删除表中的所有记录,还可以使用 TRUNCATE 语句,可以直接删除原来的表并重新创建一个表,其语法结构如下:

```
TRUNCATE table_name;
```

TRUNCATE 是直接删除表而不是记录,因此执行的速度比 DELETE 快。

4.4 数 据 查 询

数据查询是指通过查询语句把数据库中的数据通过二维表的形式显示出来。MySQL 中 SELECT 语句的基本格式如下：

```
SELECT [STRAIGHT_JOIN] [SQL_SMALL_RESULT]
   [SQL_BIG_RESULT] [HIGH_PRIORITY]
   [DISTINCT|DISTINCTROW|ALL]
   select_list
   [INTO {OUTFILE|DUMPFILE} 'file_name' export_options]
   [FROM table_references [WHERE where_definition]
   [GROUP BY col_name,...] [HAVING where_definition]
   [ORDER BY {unsighed_integer|col_name|formura} [ASC|DESC],...]
   [LIMIT [offset,] rows] [PROCEDURE procedure_name]]
```

这个 SELECT 语法有些复杂，涉及功能全面。不容易理解，这里只供参考，并将其分成 SELECT、FROM、WHERE、GROUP BY、HAVING、ORDER BY、LIMIT、UNION 等子句分别阐述。另外，INTO {OUTFILE|DUMPFILE}子句在后面有详细介绍。现将上述结构简化为下列格式：

```
   select [ all | distinct] <目标列表达式> [[AS] 别名][,<目标列表达式>[[AS]别名]] ...
   from <表名或视图名>  [[AS] 别名] [ , <表名或视图名> [[AS] 别名]]...
   [where <条件表达式>]
   [group by <列名 1> ]
   [having <条件表达式> ]
   [order by <列名 2> [ ASC| DESC ]]
   [limit 字句]
```

其中[]内的内容是可选的。

4.4.1 SELECT...FROM 基本格式

1. 查询所有字段

查询所有字段是指查询表中的所有字段的数据，有两种方式：一种是列出表中的所有字段；另一种是使用通配符*来查询。

例 4-9 查询 goods 表中所有的商品信息，如图 4-11 所示。

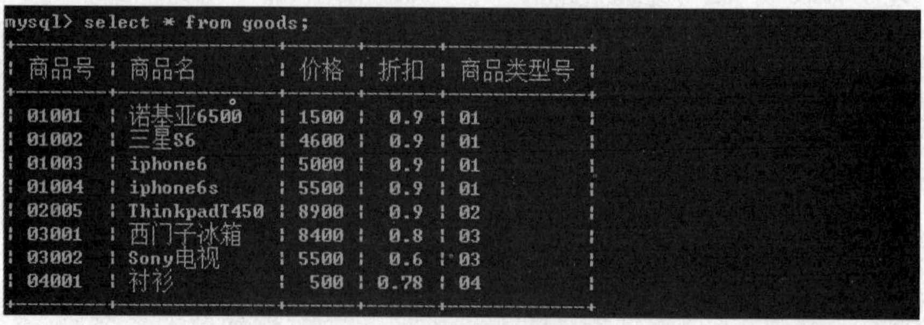

```
mysql> select * from goods;
+--------+--------------+------+------+------------+
| 商品号 | 商品名       | 价格 | 折扣 | 商品类型号 |
+--------+--------------+------+------+------------+
| 01001  | 诺基亚6500   | 1500 |  0.9 | 01         |
| 01002  | 三星S6       | 4600 |  0.9 | 01         |
| 01003  | iphone6      | 5000 |  0.9 | 01         |
| 01004  | iphone6s     | 5500 |  0.9 | 01         |
| 02005  | ThinkpadT450 | 8900 |  0.9 | 02         |
| 03001  | 西门子冰箱   | 8400 |  0.8 | 03         |
| 03002  | Sony电视     | 5500 |  0.6 | 03         |
| 04001  | 衬衫         |  500 | 0.78 | 04         |
+--------+--------------+------+------+------------+
```

图 4-11 查询表中商品信息

2. 指定字段查询

虽然通过 select 语句可以查询所有字段，但有些时候，并不需要将表中的所有字段都显示出来，只要查询需要的字段就可以了，这就需要在 select 中指定需要的字段。

例 4-10　查询 goods 表中所有的商品的商品类型号和商品名，如图 4-12 所示。

```
mysql> select 商品类型号,商品名 from goods;
+------------+------------+
| 商品类型号 | 商品名     |
+------------+------------+
| 01         | 诺基亚6500  |
| 01         | 三星S6      |
| 01         | iphone6     |
| 01         | iphone6s    |
| 02         | ThinkpadT450|
| 03         | 西门子冰箱  |
| 03         | Sony电视    |
| 04         | 衬衫        |
+------------+------------+
```

图 4-12　查询表中商品类型号和商品名

注意

➢ 通过使用通配符*，可以查询表中所有字段的数据，这种方式比较简单，尤其是数据库表中的字段很多时，这种方式更加明显。

➢ 但是从显示结果顺序的角度来讲，使用通配符*不够灵活。如果要改变显示字段的顺序，可以选择使用第二种方式。

➢ 查询的字段必须包含在表中。如果查询的字段不在表中，系统会报错。例如，在 student 表中查询 weight 字段，系统会出现"ERROR 1054（42522）: Unknown column 'weight' in 'field list'"这样的错误提示信息。

3. DISTINCT 避免重复数据查询

DISTINCT 关键字可以去除重复的查询记录。和 DISTINCT 相对的是 ALL 关键字，即显示所有的记录（包括重复的），而 ALL 关键字是系统默认的。

例 4-11　查询 goods 表中所有商品的商品类型号，如图 4-13 所示。

```
mysql> select distinct 商品类型号 from goods;
+------------+
| 商品类型号 |
+------------+
| 01         |
| 02         |
| 03         |
| 04         |
+------------+
```

图 4-13　查询表中商品类型号

4. 为表和字段取别名

有时为了使显示结果更加直观，需要一个更加直观的名字来表示这一列，而不是用数据库中列的名字。可以使用 AS 字段为列字段取别名。

例 4-12　查询 goods 表中所有商品的商品号、商品名，并指定返回的结果中的列名为 gno、gname，如图 4-14 所示。

```
mysql> select 商品号 as gno,商品名 gname from goods;
+-------+-------------+
| gno   | gname       |
+-------+-------------+
| 01003 | iphone6     |
| 01004 | iphone6s    |
| 03002 | Sony电视    |
| 02005 | ThinkpadT450|
| 04001 | 衬衫        |
| 01001 | 诺基亚6500  |
| 01002 | 三星S6      |
| 03001 | 西门子冰箱  |
+-------+-------------+
```

图 4-14　查询表中信息并返回结果

注意

AS 也可以用空格代替。

5. 查询表达式计算结果

SELECT 语句后也可以是表达式或函数。

例 4-13　查询系统当前时间，如图 4-15 所示。

```
mysql> select now();
+---------------------+
| now()               |
+---------------------+
| 2016-12-20 15:28:14 |
+---------------------+
```

图 4-15　查询系统当前时间

例 4-14　查询 1+1 的结果，如图 4-16 所示。

```
mysql> select 1+1;
+-----+
| 1+1 |
+-----+
|   2 |
+-----+
```

图 4-16　查询 1+1 的结果

例 4-15　根据会员生日，查询出会员的年龄信息，如图 4-17 所示。

```
mysql> select 会员名,year(now())-year(生日) as 年龄 from customers;
+--------+------+
| 会员名 | 年龄 |
+--------+------+
| 刘志成 |   44 |
| 刘津津 |   30 |
| 王咏梅 |   40 |
| 刘志成 |   44 |
+--------+------+
```

图 4-17　查询会员年龄信息

注意

➢ Now( )：获取系统当前时间函数。

➢ Year( )：获取时间年份函数。

➢ Version( )：获取系统版本函数。

6. 表别名

FROM 子句是 SELECT 语句中最先开始处理的子句，FROM 子句指定了要查询的表，表的后面可能还跟着一个别名。表可以直接是表名，也可以在前面加上数据库的名字。

例 4-16　查询 goods 表所有内容，如图 4-18 所示。

```
mysql> select * from book.goods as good;
+--------+-------------+------+------+----------+
| 商品号 | 商品名      | 价格 | 折扣 | 商品类型号 |
+--------+-------------+------+------+----------+
| 01001  | 诺基亚6500  | 1500 | 0.9  | 01       |
| 01002  | 三星S6      | 4600 | 0.9  | 01       |
| 01003  | iphone6     | 5000 | 0.9  | 01       |
| 01004  | iphone6s    | 5500 | 0.9  | 01       |
| 02005  | ThinkpadT450| 8900 | 0.9  | 02       |
| 03001  | 西门子冰箱   | 8400 | 0.8  | 03       |
| 03002  | Sony电视    | 5500 | 0.6  | 03       |
| 04001  | 衬衫        | 500  | 0.78 | 04       |
+--------+-------------+------+------+----------+
```

图 4-18　查询表内容

4.4.2　WHERE 子句

在 SELECT 语句中，语句首先从 FROM 子句开始执行，执行后会生成一个中间结果集，然后就开始执行 WHERE 子句。WHERE 子句是对 FROM 子句生成的结果集进行过滤，对中间结果集的每一行记录，WHERE 子句会返回一个布尔值（TRUE、FALSE），如果是 TRUE，这行记录继续留在结果集中，如果是 FALSE，则这行记录从结果集中移除，示例如图 4-19 所示。

```
mysql> select * from goods where 价格>5000;
+--------+-------------+------+------+----------+
| 商品号 | 商品名      | 价格 | 折扣 | 商品类型号 |
+--------+-------------+------+------+----------+
| 01004  | iphone6s    | 5500 | 0.9  | 01       |
| 02005  | ThinkpadT450| 8900 | 0.9  | 02       |
| 03001  | 西门子冰箱   | 8400 | 0.8  | 03       |
| 03002  | Sony电视    | 5500 | 0.6  | 03       |
+--------+-------------+------+------+----------+
```

图 4-19　查询价格大于 5000 的商品

WHERE 子句通常跟的是表达式，表达式涉及比较运算符、逻辑运算符、位运算符等。

1. 比较运算符

WHERE 子句返回布尔值，所以 WHERE 子句经常会用到比较运算符，如表 4-1 所列。

表 4-1　比较运算符

运 算 符	作 用
=	不保存
<=>	相等或者都等于空
<	小于
>	大于

运 算 符	作 用
<=	小于或等于
>=	大于或等于
<>	不等于
!=	不等于
BETWEEN min AND max	在 min 和 max 之间
IN （value1，value2，…）	在集合（value1，value2，…）中
IS NULL	为空（NULL）
IS NOT NULL	不为空（NOT NULL）
LIKE	模糊查询，使用通配符匹配
REGEXP 或 RLIKE	正则表达式匹配

MySQL 数据库允许用户对表达式的左边操作数和右边操作数进行比较,比较结果为真时返回 1, 为假时返回 0, 不确定时返回 NULL。

2=2 的结果为 true，15<9 的结果为 false，3>2 的结果为 true，5!=4 的结果为 true。字符串也可以进行比较，'b'<'g'的结果为 true，'h'>'k'的结果为 false。时间值可以比较，较早的时间小于较晚的时间，'1980-5-4'<'1990-02-15'的结果为 true，'1991-2-18'>'1991-2-19'的结果为 false。=比较符与<=>比较符的差别在于，当比较两个空值的时候，=返回 unknown，<=>返回 true。

例 4-17 查询 goods 表中价格在 5 000～5 500 的商品信息，如图 4-20 所示。

```
mysql> select * from goods where 价格 between 5000 and 5500;

+--------+----------+------+------+-----------+
| 商品号 | 商品名   | 价格 | 折扣 | 商品类型号 |
+--------+----------+------+------+-----------+
| 01003  | iphone6  | 5000 | 0.9  | 01        |
| 01004  | iphone6s | 5500 | 0.9  | 01        |
| 03002  | Sony电视 | 5500 | 0.6  | 03        |
+--------+----------+------+------+-----------+
```

(a)

```
mysql> select * from goods where 价格>=5000 and 价格<=5500;

+--------+----------+------+------+-----------+
| 商品号 | 商品名   | 价格 | 折扣 | 商品类型号 |
+--------+----------+------+------+-----------+
| 01003  | iphone6  | 5000 | 0.9  | 01        |
| 01004  | iphone6s | 5500 | 0.9  | 01        |
| 03002  | Sony电视 | 5500 | 0.6  | 03        |
+--------+----------+------+------+-----------+
```

(b)

图 4-20 查询表中价格信息

例 4-18 查询 goods 表中 iphone、iphone6s 和三星 S6，如图 4-21 所示。

```
mysql> select * from goods where 商品名 in ('iphone6','iphone6s','三星S6');
```

商品号	商品名	价格	折扣	商品类型号
01002	三星S6	4600	0.9	01
01003	iphone6	5000	0.9	01
01004	iphone6s	5500	0.9	01

(a)

```
mysql> select * from goods where 商品名='iphone6' or 商品名='iphone6s' or 商品名
='三星S6';
```

商品号	商品名	价格	折扣	商品类型号
01002	三星S6	4600	0.9	01
01003	iphone6	5000	0.9	01
01004	iphone6s	5500	0.9	01

(b)

图 4-21　查询表中商品信息

例 4-19　查询 goods 表中还没有价格的商品，如图 4-22 所示。

```
mysql> select * from goods where 价格 is NULL;
```

商品号	商品名	价格	折扣	商品类型号
04001	衬衫	NULL	0.78	04

图 4-22　查询表中没有价格的商品

例 4-20　查询姓"刘"的会员的信息，如图 4-23 所示。

```
mysql> select * from customers where 会员名 like '刘%';
```

会员号	会员名	性别	生日	地址
C001	刘志成	男	1972-05-18	重庆市
C002	刘津津	女	1986-04-14	北京市
C004	刘成	男	1972-05-18	北京市

图 4-23　查询会员信息

例 4-21　查询姓"刘"的且名字只有两个字的会员的信息，如图 4-24 所示。

```
mysql> select * from customers where 会员名 like '刘_';
```

会员号	会员名	性别	生日	地址
C004	刘成	男	1972-05-18	北京市

图 4-24　查询名字为两个字的"刘"姓会员信息

说明

◇ %：表示任意个或多个字符。可匹配任意类型和长度的字符。

◇ _：表示任意单个字符。匹配单个任意字符时，它常用来限制表达式的字符长度（一个"_"可以代表一个中文字符）。

2. 逻辑运算符

逻辑运算符也称为布尔运算符，判断表达式的真和假，如表 4-2 所示。

表 4-2　逻辑运算符

运　算　符	作　　用
NOT 或 !	逻辑非
AND 或 &	逻辑与
OR 或 ||	逻辑或
XOR	逻辑异或

3. 位运算符

位运算符是将给定的操作数转化为二进制后，对各个操作数的每一位都进行指定的逻辑运算，得到的二进制结果转化为十进制数后就是位运算的结果，如表 4-3 所列。

表 4-3　位运算符

运　算　符	作　　用
&	位与
|	位或
^	位异或
~	位取反
>>	位右移
<<	位左移

4.4.3　聚集函数

聚集函数包括 COUNT( )、SUM( )、AVG( )、MAX( )和 MIN( )。其中：

COUNT( )用来统计记录的条数。

SUM( )用来计算字段的值的总和。

AVG( )用来计算字段的值的平均值。

MAX( )用来查询字段的最大值。

MIN( )用来查询字段的最小值。

例 4-22　查询商品的总数，如图 4-25 所示。

```
mysql> select count(*) from goods;

| count(*) |

|        8 |
```

(a)

```
mysql> select count(商品号) from goods;

| count(商品号) |

|           8 |
```

(b)

图 4-25　查询商品总数

例 4-23　查询商品的总价、平均价格、最高价格和最低价格，如图 4-26 所示。

```
mysql> select sum(价格),avg(价格),max(价格),min(价格) from goods;
+-----------+------------------+-----------+-----------+
| sum(价格) | avg(价格)        | max(价格) | min(价格) |
+-----------+------------------+-----------+-----------+
|     39400 | 5628.571428571428 |     8900 |      1500 |
+-----------+------------------+-----------+-----------+
```

图 4-26　查询商品价格

4.4.4　GROUP BY 子句

可以使用 GROUP BY 按列的值进行分组，并且如果愿意，也可对列进行计算。可以使用 COUNT、SUM、AVG 等函数，在上页进行列的分组计算。

GROUP BY 关键字可以将查询结果按某个字段或多个字段进行分组。

```
GROUP BY col_name1[,col_name2] [HAVING 条件表达式][ WITH ROLLUP]
```

设有一员工表（employee），如图 4-27 所示。

```
mysql> select * from employee;
+----+------+------------+--------------------+
| id | name | work_date  | daily_typing_pages |
+----+------+------------+--------------------+
|  1 | John | 2015-01-24 |                150 |
|  2 | Ram  | 2015-07-27 |                220 |
|  3 | Jack | 2015-05-06 |                170 |
|  4 | Jack | 2015-01-24 |                100 |
|  5 | Jill | 2015-01-24 |                220 |
|  6 | Zara | 2015-01-26 |                300 |
|  7 | Zara | 2015-02-24 |                350 |
+----+------+------------+--------------------+
```

图 4-27　employee 表信息

现在假定在图 4-27 的基础上，要计算每个员工总的工作数量。

如果写一个 SQL 查询，那么将得到图 4-28 所示的结果。

```
mysql> select count(*) from employee;
+----------+
| count(*) |
+----------+
|        7 |
+----------+
1 row in set (0.00 sec)
```

图 4-28　查询总的工作数量

但是，这不是服务目的，要分页显示打印每个人的工作数量。这就要使用聚合函数 GROUP BY 子句，如图 4-29 所示。

```
mysql> select name,count(*) from employee group by name;
+------+----------+
| name | count(*) |
+------+----------+
| Jack |        2 |
| Jill |        1 |
| John |        1 |
| Ram  |        1 |
| Zara |        2 |
+------+----------+
```

图 4-29　查询每个员工的工作数量

说明

❖ GROUP BY 还可以进行多字段分组，字段间使用逗号隔开。

若想在查询完员工的每个部门人数后还想要在同一个表里统计出最终人数，可以使用 with rollup 关键字，如图 4-30 所示。

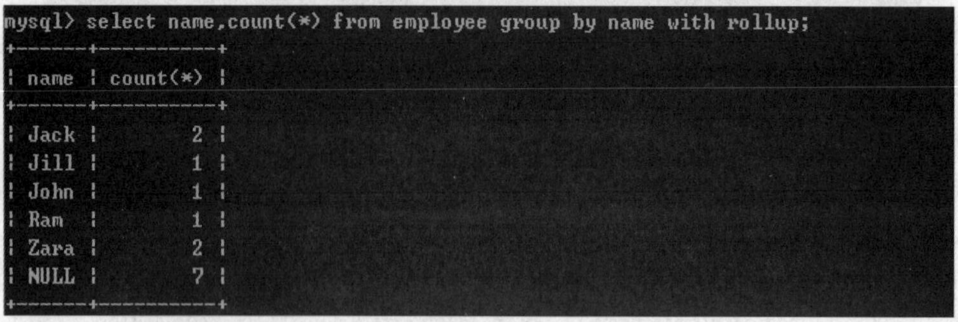

```
mysql> select name,count(*) from employee group by name with rollup;
+-------+----------+
| name  | count(*) |
+-------+----------+
| Jack  |        2 |
| Jill  |        1 |
| John  |        1 |
| Ram   |        1 |
| Zara  |        2 |
| NULL  |        7 |
+-------+----------+
```

图 4-30　with rollup 关键字的使用

HAVING 子句可以筛选成组后的各种数据，WHERE 子句在聚合前先筛选记录，也就是说，作用在 GROUP BY 和 HAVING 子句前。而 HAVING 子句在聚合后对组记录进行筛选。

基于上节 GROUP BY 子句的基础上，查询打印总数在 250 页的员工有哪些，可使用图 4-31 所示的语句。

```
mysql> select name,sum(daily_typing_pages) as total from  employee group by name
 having total>250;
+-------+-------+
| name  | total |
+-------+-------+
| Jack  |   270 |
| Zara  |   650 |
+-------+-------+
```

图 4-31　使用 HAVING 子句

说明

❖ "HAVING 条件表达式"与"WHERE 条件表达式"都是用来限制显示的。

❖ 但是，两者起作用的地方不一样。"WHERE 条件表达式"作用于表或者视图，是表和视图的查询条件。

❖ "HAVING 条件表达式"作用于分组后的记录，用于选择满足条件的组。

4.4.5　ORDER BY 子句

ORDER BY 子句按一个或多个（最多 16 个）字段排序查询结果，可以是升序（ASC）也可以是降序（DESC），默认是升序。ORDER 子句通常放在 SQL 语句的最后。ORDER 子句中定义了多个字段，则按照字段的先后顺序排序。其基本格式如下：

```
ORDER BY  order_by_expression [ASC | DESC ] [ ,…n ]
```

基于前面示例的基础上，对查询结果进行排序，可以指定按多个字段进行排序，如图 4-32 所示。

```
mysql> select * from employee
    -> order by name desc,work_date desc,daily_typing_pages;
+----+-------+------------+--------------------+
| id | name  | work_date  | daily_typing_pages |
+----+-------+------------+--------------------+
|  7 | Zara  | 2015-02-24 |                350 |
|  6 | Zara  | 2015-01-26 |                300 |
|  2 | Ram   | 2015-07-27 |                220 |
|  1 | John  | 2015-01-24 |                150 |
|  5 | Jill  | 2015-01-24 |                220 |
|  3 | Jack  | 2015-05-06 |                170 |
|  4 | Jack  | 2015-01-24 |                100 |
+----+-------+------------+--------------------+
```

图 4-32　ORDER BY 子句排序

ORDER BY 子句中可以用字段在选择列表中的位置号代替字段名，可以混合字段名和位置号。

图 4-33 所示的语句产生与上例相同的效果。

```
mysql> select * from employee
    -> order by 1 desc,2 desc,3;
+----+-------+------------+--------------------+
| id | name  | work_date  | daily_typing_pages |
+----+-------+------------+--------------------+
|  7 | Zara  | 2015-02-24 |                350 |
|  6 | Zara  | 2015-01-26 |                300 |
|  5 | Jill  | 2015-01-24 |                220 |
|  4 | Jack  | 2015-01-24 |                100 |
|  3 | Jack  | 2015-05-06 |                170 |
|  2 | Ram   | 2015-07-27 |                220 |
|  1 | John  | 2015-01-24 |                150 |
+----+-------+------------+--------------------+
```

图 4-33　用位置号代替字段名

GROUP BY 可以和 ORDER BY 一起使用，如图 4-34 所示。

```
mysql> select name,count(*) 工作数量 from employee group by name order by 工作数
    量 desc;
+-------+----------+
| name  | 工作数量 |
+-------+----------+
| Zara  |        2 |
| Jack  |        2 |
| Jill  |        1 |
| John  |        1 |
| Ram   |        1 |
+-------+----------+
```

图 4-34　GROUP BY 和 ORDER BY 联合使用

4.4.6　LIMIT 子句

使用查询语句的时候，经常要返回前几条或者中间某几行数据，这个时候怎么办呢？不用担心，已经为我们提供了这样一个功能。

LIMIT 子句可以被用于强制 SELECT 语句返回指定的记录数。LIMIT 接受一个或两个数字参数。参数必须是一个整数常量。

如果给定两个参数，第一个参数指定第一个返回记录行的偏移量，第二个参数指定返回

记录行的最大数目。

```
Select_statement  LIMIT {[offset,] row_count | row_count OFFSET offset}
```

说明

✧ Select_statement：查询语句。

✧ offset：偏移量。

✧ row_count：取得记录的条数。

例 4-24 返回 2～3 行数据，如图 4-35 所示。

```
mysql> select * from employee limit 1,2;
| id | name | work_date  | daily_typing_pages |
|  2 | Ram  | 2015-07-27 |                220 |
|  3 | Jack | 2015-05-06 |                170 |
```

图 4-35 返回 2～3 行数据

例 4-25 返回前 3 行数据，如图 4-36 所示。

```
mysql> select * from employee limit 3;
| id | name | work_date  | daily_typing_pages |
|  1 | John | 2015-01-24 |                150 |
|  2 | Ram  | 2015-07-27 |                220 |
|  3 | Jack | 2015-05-06 |                170 |
```

(a)

```
mysql> select * from employee limit 0,3;
| id | name | work_date  | daily_typing_pages |
|  1 | John | 2015-01-24 |                150 |
|  2 | Ram  | 2015-07-27 |                220 |
|  3 | Jack | 2015-05-06 |                170 |
```

(b)

图 4-36 返回前 3 行数据

例 4-26 查询单价排名前三的商品（从高到低排序），如图 4-37 所示。

```
mysql> select * from goods order by 价格 desc limit 3;
| 商品号  | 商品名       | 价格 | 折扣 | 商品类型号 |
| 02005 | ThinkpadT450 | 8900 | 0.9 | 02 |
| 03001 | 西门子冰箱    | 8400 | 0.8 | 03 |
| 01004 | iphone6s     | 5500 | 0.9 | 01 |
```

图 4-37 查询单价排名前三的商品

4.4.7 基于多表的查询

1. UNION 合并结果集

使用 UNION，可以将几个表选择前后的数据联合起来作为一个单一的结果集，或几个集合行在单一的表中。UNION 是从 MySQL 4.0 开始使用，本节说明如何使用它。

假设有两个表，student 表和 teacher 表，teacher 表结构如图 4-38 所示，student 表结构如图 4-39 所示，UNION 提供了一种方法来合并它们。

图 4-38　teacher 表结构

图 4-39　student 表结构

这两个表中的数据分别如图 4-40 和图 4-41 所示。

图 4-40　teacher 表数据

图 4-41　student 表数据

实际上，UNION 是对表做并操作，因此需要满足相容性。查询所有的学生和老师的基本信息，如图 4-42 所示。

图 4-42　UNION 合并 student 和 teacher 基本信息

2. 子查询

有时当进行查询的时候，需要的条件是另外一个 SELECT 语句的结果，这个时候就要用到子查询。可以组合使用两个查询，即将一个查询放置到另一个查询的内部。内部的查询称为"子查询"。子查询首先执行，找出不知道的信息。然后，外部查询使用该信息找出需要获得的信息。为了增强查询能力，SQL 允许嵌套查询在 WHERE 或 HAVING 条件中，可以嵌套另一个子查询，子查询的结果可用于查询条件。

1）WHERE 型子查询

WHERE 型子查询即把内部查询结果当作外层查询的比较条件。

例 4-27 不用 ORDER BY 来查询刚入职的老师，如图 4-43 所示。

```
mysql> select * from teacher where teacher_no=
    -> (select max(teacher_no) from teacher);
+------------+--------------+-------------+
| teacher_no | teacher_name | teacher_tel |
+------------+--------------+-------------+
| 003        | 王老师       | 1300000000  |
```

图 4-43　用 WHERE 查询刚入职的教师

例 4-28 查询比"张三"年龄大的同学的信息，如图 4-44 所示。

```
mysql> select * from student where birth<
    -> (select birth from student where name='张三');
+---------+------+------+------------+----------+
| number  | name | tel  | birth      | class_no |
+---------+------+------+------------+----------+
| 2015002 | 李四 | NULL | 1995-12-01 | 1500411  |
| 2015003 | 王五 | NULL | 1997-07-09 | 1500412  |
| 2015005 | 田七 | NULL | 1996-03-08 | 1500412  |
```

图 4-44　查询比"张三"年龄大的同学信息

2）FROM 型子查询

把内层的查询结果供外层再次查询，内层查询结果由于返回的是多个结果，因此结果涉及几个关键字。返回值多于 1 个，因此无法使用比较运算符，需要结合关键字 IN、ALL 或 ANY。

（1）带 IN 关键字的子查询。IN 有在满足集合中任意一个的含义，等同于某一个范围查询。Score 为学生成绩表（见图 4-45），student_no 是学号，course_no 为课程号，score 是分数。

```
mysql> select * from score;
+----------+------------+-----------+-------+
| chooseid | student_no | course_no | score |
+----------+------------+-----------+-------+
|        1 | 2015001    |         1 |    91 |
|        2 | 2015001    |         2 |    52 |
|        3 | 2015002    |         3 |    56 |
|        4 | 2015002    |         2 |    59 |
|        5 | 2015001    |         3 |    58 |
|        6 | 2015003    |         1 |    90 |
|        7 | 2015003    |         2 |    89 |
```

图 4-45　学生成绩表

例 4-29　用子查询查出挂科两门及两门以上同学的平均成绩，如图 4-46 所示。

```
mysql> select student_no,count(*) from score where score<60 group by student_No
having count(*)>=2;
+------------+----------+
| student_no | count(*) |
+------------+----------+
| 2015001    |        2 |
| 2015002    |        2 |
+------------+----------+
```

图 4-46　查询平均成绩

思路： 先查出哪些同学挂科两门以上。

注意： 有的可能返回的是多条记录，因此无法只使用比较运算符。

找出这些同学的 student_no，再计算他们的平均分，如图 4-47 所示。

```
mysql> select student_no,avg(score) from score where student_no
    -> in
    -> (select student_no from score where score<60 group by student_No having c
ount(*)>=2)
    -> group by student_no;
+------------+------------+
| student_no | avg(score) |
+------------+------------+
| 2015001    |    67.0000 |
| 2015002    |    57.5000 |
+------------+------------+
```

图 4-47　计算平均分

（2）带 ANY 关键字的子查询。ANY 关键字表示满足其中任何一个条件。"=ANY"同"IN"的意义相同，如图 4-48 所示。

```
mysql> select student_no,avg(score) from score where student_no
    -> =any
    -> (select student_no from score where score<60 group by student_No having c
ount(*)>=2)
    -> group by student_no;
+------------+------------+
| student_no | avg(score) |
+------------+------------+
| 2015001    |    67.0000 |
| 2015002    |    57.5000 |
+------------+------------+
```

图 4-48　"=ANY" 与 "IN" 的意义相同

例 4-30　查询比其中任意一个男会员年龄小的女会员，如图 4-49 所示。

```
mysql> select * from customers where 性别='女' and 生日
    -> > any
    -> (select 生日 from customers where 性别='男');
+--------+--------+--------+------------+--------+
| 会员号 | 会员名 | 性别   | 生日       | 地址   |
+--------+--------+--------+------------+--------+
| C002   | 刘津津 | 女     | 1986-04-14 | 北京市 |
| C003   | 王咏梅 | 女     | 1976-08-04 | 北京市 |
+--------+--------+--------+------------+--------+
```

图 4-49　查询所给条件会员信息

（3）带 ALL 关键字的子查询。ALL 关键字表示满足所有的条件。"!=ALL"与"NOT IN"

的意义相同。

例 4-31 查询比所有男会员年龄小的女会员，如图 4-50 所示。

```
mysql> select * from customers where 性别='女' and 生日
    -> > all
    -> (select 生日 from customers where 性别='男');
+--------+--------+------+------------+--------+
| 会员号  | 会员名  | 性别  | 生日       | 地址    |
+--------+--------+------+------------+--------+
| C002   | 刘津津  | 女   | 1986-04-14 | 北京市  |
| C003   | 王咏梅  | 女   | 1976-08-04 | 北京市  |
+--------+--------+------+------------+--------+
```

图 4-50 查询比所有男会员年龄小的女会员

3）EXISTS 型子查询

exists 关键字表示存在，使用 exists 关键字时，查询语句不返回查询的记录。

exits 关键字表示存在，使用这个关键字的时候，有以下两点要注意。

（1）内查询语句：当查询到满足条件的记录，返回"true"；否则返回"false"。

（2）外查询语句：当内查询为"真"时，使用外查询进行查询；否则外查询不进行查询。

例 4-32 查询选了课的同学的信息，如图 4-51 所示。

```
mysql> select * from student where exists(select * from score where score.studen
t_no=student.number);
+---------+------+------+------------+----------+
| number  | name | tel  | birth      | class_no |
+---------+------+------+------------+----------+
| 2015001 | 张三 | NULL | 1999-02-09 | 1500411  |
| 2015002 | 李四 | NULL | 1995-12-01 | 1500411  |
| 2015003 | 王五 | NULL | 1997-07-09 | 1500412  |
+---------+------+------+------------+----------+
```

图 4-51 查询选课同学信息

3. 连接查询（JOIN）

连接查询即从笛卡儿积中找出满足条件的行（元组）。从关系代数操作中，了解到笛卡儿积的概念。

笛卡儿乘积是指在数学中，两个集合 X 和 Y 的笛卡儿积（Cartesian product），又称为直积，表示为 $X \times Y$。第一个对象是 X 的成员，而第二个对象是 Y 的所有可能有序对的其中一个成员。类似的例子有，如果 A 表示某学校学生的集合，B 表示该学校所有课程的集合，则 A 与 B 的笛卡儿积表示所有可能的选课情况。A 表示所有声母的集合，B 表示所有韵母的集合，那么 A 和 B 的笛卡儿积就为所有可能的汉字全拼。

数据库中有两张表，即 class 表和 student 表，其结构分别如图 4-52 和图 4-53 所示。注意 student 表中的 class_no（班级号）参照 class 表中的 class_no（班级号）。

```
mysql> desc class;
+------------+-------------+------+-----+---------+-------+
| Field      | Type        | Null | Key | Default | Extra |
+------------+-------------+------+-----+---------+-------+
| class_no   | int(11)     | NO   | PRI | NULL    |       |
| class_name | varchar(20) | YES  |     | NULL    |       |
| department | varchar(20) | YES  |     | NULL    |       |
+------------+-------------+------+-----+---------+-------+
```

图 4-52 class 表

```
mysql> desc student;
+----------+----------+------+-----+---------+-------+
| Field    | Type     | Null | Key | Default | Extra |
+----------+----------+------+-----+---------+-------+
| number   | char(11) | NO   | PRI | NULL    |       |
| name     | char(10) | NO   |     | NULL    |       |
| tel      | char(20) | YES  |     | NULL    |       |
| birth    | date     | YES  |     | NULL    |       |
| class_no | int(11)  | YES  | MUL | NULL    |       |
+----------+----------+------+-----+---------+-------+
```

图 4-53　student 表

FROM 子句可以由一个表指定，也可以由多个表指定，如从两张表里读取数据，如图 4-54 所示，即 student 和 class 作笛卡儿积，查询出所有学生和所有班级的排列组合。

```
mysql> select name,student.class_no,class.class_no,class_name,department
    -> from student,class;
+--------+----------+----------+------------+------------+
| name   | class_no | class_no | class_name | department |
+--------+----------+----------+------------+------------+
| 张三   | 1500411  | 1500411  | 网络1班    | 计算机系   |
| 张三   | 1500411  | 1500412  | 网络2班    | 计算机系   |
| 张三   | 1500411  | 1500413  | 网络3班    | 计算机系   |
| 李四   | 1500411  | 1500411  | 网络1班    | 计算机系   |
| 李四   | 1500411  | 1500412  | 网络2班    | 计算机系   |
| 李四   | 1500411  | 1500413  | 网络3班    | 计算机系   |
| 王五   | 1500412  | 1500411  | 网络1班    | 计算机系   |
| 王五   | 1500412  | 1500412  | 网络2班    | 计算机系   |
| 王五   | 1500412  | 1500413  | 网络3班    | 计算机系   |
| 马六   | 1500412  | 1500411  | 网络1班    | 计算机系   |
| 马六   | 1500412  | 1500412  | 网络2班    | 计算机系   |
| 马六   | 1500412  | 1500413  | 网络3班    | 计算机系   |
| 田七   | NULL     | 1500411  | 网络1班    | 计算机系   |
| 田七   | NULL     | 1500412  | 网络2班    | 计算机系   |
| 田七   | NULL     | 1500413  | 网络3班    | 计算机系   |
+--------+----------+----------+------------+------------+
```

图 4-54　student 和 class 通过 FROM 子句实现笛卡儿积

倘若求出 student 表中 class_no 和 class 表中 class_no 值相等的行记录结果，即是等同于表的连接结果，如图 4-55 所示。

```
mysql> select name,student.class_no,class.class_no,class_name,department
    -> from student,class
    -> where student.class_no=class.class_no;
+--------+----------+----------+------------+------------+
| name   | class_no | class_no | class_name | department |
+--------+----------+----------+------------+------------+
| 张三   | 1500411  | 1500411  | 网络1班    | 计算机系   |
| 李四   | 1500411  | 1500411  | 网络1班    | 计算机系   |
| 王五   | 1500412  | 1500412  | 网络2班    | 计算机系   |
| 马六   | 1500412  | 1500412  | 网络2班    | 计算机系   |
+--------+----------+----------+------------+------------+
```

图 4-55　笛卡儿积中满足条件的行记录

但是通常不使用 WHERE 子句进行连接查询，因为作笛卡儿积效率不高。因此尽管连接条件可在 FROM 或 WHERE 子句中指定，但建议在 from 子句中指定连接条件。其基本语法格式如下：

```
select 字段表 from 表1 LEFT | RIGHT [ OUTER ] JOIN 表2 ON 表1.字段=表2.字段
```

说明

◇ 当 FROM 子句指定两张或两张以上的表时，叫作表的连接（join），进行比较的两列叫作连接条件。

◇ 连接分为内连接和外连接，即 inter 和 outer，默认是内连接。

◇ 外连接分为 left、right，即左连接、右连接。

◇ 两个表中重复的属性需要使用点操作符"表名.列名"指定来自于哪个表。

◇ 所有的属性都可以指定其来自于哪个表，这可以提高查询的可读性。

1）内连接

内连接查询是最常用的一种查询，也称为等同查询，就是在表关系的笛卡儿积数据记录中，保留表关系中所有相匹配的数据，而舍弃不匹配的数据。内连接是从结果中删除其他被连接表中没有匹配行的所有行，设 class 和 student 表中测试如图 4-56 和图 4-57 所示。

图 4-56　class 表数据

图 4-57　student 表数据

使用连接查询，查询出每个同学的姓名、班级号、班级名及学院信息，如图 4-58 所示，查询结果没有"田七"的信息，且因为 1500413 没有学生，查询结果也没有 1500413 班信息，那是因为 join 前不加 left、right 等字段，默认为内连接，内连接是从结果中删除其他被连接表中没有匹配行的所有行。

图 4-58　表连接

按照匹配条件内连接可以分为自然连接、等值连接和不等值连接。

（1）等值连接（inner join）。用来连接两个表的条件称为连接条件，如果连接条件中的连接运算符是"="时，称为等值连接。

（2）自然连接（natural join）。自然连接操作就是在表关系的笛卡儿积中，首先根据表关系中相同名称的字段进行记录匹配，然后去掉重复的字段。还可以理解为在等值连接中把目标列中重复的属性列去掉，则为自然连接。

（3）不等值连接（inner join）。在 where 子句中用来连接两个表的条件，称为连接条件。如果连接条件中的连接运算符是"="时，称为等值连接。如果是其他的运算符，则是不等值连接。

2）外连接

外连接可以查询两个或两个以上的表，外连接查询和内连接查询非常相似，也需要通过指定字段进行连接。当该字段取值相等时，可以查询出该表的记录；而且该字段取值不相等的记录也可以查询出来。

（1）左连接（left join）包含所有的左边表中的记录甚至是右边表中没有和它匹配的记录，如图 4-59 所示。查询结果保留了"田七"的信息。

图 4-59　左连接

（2）右连接（right join）包含所有的右边表中的记录，甚至是左边表中没有和它匹配的记录，如图 4-60 所示。查询结果保留了 1500413 班的信息。

图 4-60　右连接

思考

查询每个班级的学生人数，包括没有学生的班级人数。

例 4-33　查询学生姓名、选课课程名和分数，如图 4-61 所示。

图 4-61　例 4-33 图

注意

➤ 子查询通常是令某一表的查询结果作为外层查询的条件，查询的结果只来自一张表，这种情况通常使用子查询。

➤ 查询结果来自于不同表，这种情况通常使用连接查询。

4.5　本　章　小　结

本章介绍了数据插入、数据更新、数据删除和数据查询 SQL 语句。本章需要掌握 SELECT 以及其下各子句。通过本章的学习，可以掌握数据库查询基本技能，通过练习熟悉各种操作。

案 例 实 现

使用学生选课数据库，向 3 个表中插入数据：

```
mysql> insert into xs values
    -> ('1101','王林''网络技术','FALSE ','1985-06-21',56,NULL),
    -> ( '1102','张三',' 计算机','TRUE ','1985-11-05,60' ,NULL),
    -> ('1103','成名','计算机','TRUE','1981-02-01',50,NULL),
    -> ('1104','汪洋','计算机','FALSE','1979-10-06',50,NULL),
    -> ('1105','黎方方','计算机','TRUE','1980-08-09',70,NULL),
    -> ('1106','黎明','网络技术','TRUE','1982-01-12',80,NULL);
Query OK, 6 row affected (0.00 sec)
mysql> select * from kc;
```

课程号	课程名	学时	开课学期	学分
1101	c 语言	NULL	NULL	3
12	计算机基础	NULL	NULL	2
13	sql	NULL	NULL	3
206	离散数学	68	5	4
208	数据结构	68	6	4
209	操作系统	68	6	4
301	计算机网络	51	7	3

```
mysql> select * from xs_kc;
```

学号	课程号	成绩
1	12	86
1101	1101	100

```
| 1102 | 12     | 60 |
| 1103 | 206    | 98 |
| 1104 | 12     | 85 |
| 2    | 1101   | 95 |
| 3    | 1101   | 75 |
| 4    | 1101   | 56 |
+------+--------+------+
8 rows in set (0.00 sec)
```

为加快对数据表的访问，可为表的常用列设置索引：

```
mysql> create index index_xs on xs(姓名);
Query OK, 0 rows affected (0.00 sec)

mysql> create index index_kc on kc(课程名);
Query OK, 0 rows affected (0.00 sec)
```

创建一个用户用来管理此数据库中的表：

```
mysql> grant select,insert,update,delete on xscj1.* to 'yangjing'
    -> identified by '123456';
Query OK, 0 rows affected (0.04 sec)mysql> select @result;
```

这 3 个表如图 4-62～图 4-64 所示。

```
mysql> select * from xs;
+------+--------+----------+-------+------------+--------+------+
| 学号 | 姓名   | 专业     | 性别  | 出生年月   | 总学分 | 备注 |
+------+--------+----------+-------+------------+--------+------+
| 1101 | 王林   | 网络技术 | FALSE | 1985-06-21 |     56 | NULL |
| 1102 | 张三   | 计算机   | TRUE  | 1985-11-05 |     60 | NULL |
| 1103 | 成名   | 计算机   | TRUE  | 1981-02-01 |     50 | NULL |
| 1104 | 汪洋   | 计算机   | FALSE | 1979-10-06 |     50 | NULL |
| 1105 | 黎方方 | 计算机   | TRUE  | 1980-08-09 |     70 | NULL |
| 1106 | 黎明   | 网络技术 | TRUE  | 1982-01-12 |     80 | NULL |
+------+--------+----------+-------+------------+--------+------+
6 rows in set (0.00 sec)
```

图 4-62　xs 表数据

```
mysql> select * from kc;
+--------+----------+------+----------+------+
| 课程号 | 课程名   | 学时 | 开课学期 | 学分 |
+--------+----------+------+----------+------+
| 1101   | c 语言   | NULL | NULL     |    3 |
| 12     | 计算机基础 | NULL | NULL    |    2 |
| 13     | sql      | NULL | NULL     |    3 |
| 206    | 离散数学 | 68   | 5        |    4 |
| 208    | 数据结构 | 68   | 6        |    4 |
| 209    | 操作系统 | 68   | 6        |    4 |
| 301    | 计算机网络 | 51  | 7        |    3 |
+--------+----------+------+----------+------+
7 rows in set (0.00 sec)
```

图 4-63　kc 表数据

```
mysql> select * from xs_kc;
+------+--------+------+
| 学号 | 课程号 | 成绩 |
+------+--------+------+
| 1    | 12     |   86 |
| 1101 | 1101   |  100 |
| 1102 | 12     |   60 |
| 1103 | 206    |   98 |
| 1104 | 12     |   85 |
| 2    | 1101   |   95 |
| 3    | 1101   |   75 |
| 4    | 1101   |   56 |
+------+--------+------+
8 rows in set (0.00 sec)
```

图 4-64　xs_kc 表数据

查询 xscj 数据库的 xs 表中各个同学的姓名、专业名和总学分。

```
mysql> SELECT 姓名,专业,总学分
    -> FROM XS;
```

```
+--------+----------+--------+
| 姓名   | 专业     | 总学分 |
+--------+----------+--------+
| 王林   | 网络技术 |   56   |
| 张三   | 计算机   |   60   |
| 成名   | 计算机   |   50   |
| 汪洋   | 计算机   |   50   |
| 黎方方 | 计算机   |   70   |
| 黎明   | 网络技术 |   80   |
+--------+----------+--------+
6 rows in set (0.00 sec)
```

查询 xs 表中计算机系同学的学号、姓名和总学分，结果中各列的标题分别指定为 number、name 和 mark。

```
mysql> SELECT 学号 AS number, 姓名 AS name, 总学分 AS mark
    -> FROM XS  WHERE 专业= '计算机';
+--------+--------+------+
| number | name   | mark |
+--------+--------+------+
| 1102   | 张三   |  60  |
| 1103   | 成名   |  50  |
| 1104   | 汪洋   |  50  |
| 1105   | 黎方方 |  70  |
+--------+--------+------+
4 rows in set (0.02 sec)
```

按 120 分计算成绩，显示 xs_kc 表中学号为 1104 的学生课程信息：

```
mysql> SELECT  学号, 课程号,
    -> 成绩*1.20  AS 成绩120
    -> FROM XS_KC
    -> WHERE 学号= '1104';
+------+--------+---------+
| 学号 | 课程号 | 成绩120 |
+------+--------+---------+
| 1104 |   12   |  102.00 |
+------+--------+---------+
1 row in set (0.00 sec)
```

对 xscj 数据库的 xs 表只选择专业名和总学分，消除结果集中的重复行：

```
mysql> SELECT DISTINCT 专业,总学分
    -> FROM XS;
```

```
+----------+--------+
| 专业     | 总学分 |
+----------+--------+
| 网络技术 |    56  |
| 计算机   |    60  |
| 计算机   |    50  |
| 计算机   |    70  |
| 网络技术 |    80  |
+----------+--------+
5 rows in set (0.00 sec)
```

查询 xscj 数据库 xs 表中学号为 1104 的学生的情况：

```
mysql> SELECT 姓名,学号,总学分
    ->    FROM XS
    ->    WHERE 学号=1104;
+------+------+--------+
| 姓名 | 学号 | 总学分 |
+------+------+--------+
| 汪洋 | 1104 |     50 |
+------+------+--------+
1 row in set (0.00 sec)
```

查询 xs 表中总学分大于 50 的学生的情况：

```
mysql> SELECT 姓名, 学号, 出生年月, 总学分
    ->    FROM XS
    ->    WHERE 总学分>50;
+--------+------+------------+--------+
| 姓名   | 学号 | 出生年月   | 总学分 |
+--------+------+------------+--------+
| 王林   | 1101 | 1985-06-21 |     56 |
| 张三   | 1102 | 1985-11-05 |     60 |
| 黎方方 | 1105 | 1980-08-09 |     70 |
| 黎明   | 1106 | 1982-01-12 |     80 |
+--------+------+------------+--------+
4 rows in set (0.00 sec)
```

查询 xs 表中备注为空的同学的情况：

```
mysql> SELECT 姓名,学号,出生年月,总学分
    ->    FROM XS
    ->       WHERE 备注<=>NULL;
```

```
+--------+------+------------+--------+
| 姓名   | 学号 | 出生年月   | 总学分 |
+--------+------+------------+--------+
| 王林   | 1101 | 1985-06-21 |     56 |
| 张三   | 1102 | 1985-11-05 |     60 |
| 成名   | 1103 | 1981-02-01 |     50 |
| 汪洋   | 1104 | 1979-10-06 |     50 |
| 黎方方 | 1105 | 1980-08-09 |     70 |
| 黎明   | 1106 | 1982-01-12 |     80 |
+--------+------+------------+--------+
6 rows in set (0.00 sec)
```

查询 xscj 数据库 xs 表中姓 "王" 的学生学号、姓名及性别：

```
mysql> SELECT 学号,姓名,性别
    ->     FROM XS
    ->     WHERE 姓名 LIKE '王%';
+------+------+-------+
| 学号 | 姓名 | 性别  |
+------+------+-------+
| 1101 | 王林 | FALSE |
+------+------+-------+
1 row in set (0.02 sec)
```

查询 xscj 数据库 xs 表中学号倒数第二个数字为 0 的学生学号、姓名及专业名：

```
mysql> SELECT 学号,姓名,专业
    ->     FROM XS
    ->     WHERE 学号 LIKE '%0_';
+------+--------+----------+
| 学号 | 姓名   | 专业     |
+------+--------+----------+
| 1101 | 王林   | 网络技术 |
| 1102 | 张三   | 计算机   |
| 1103 | 成名   | 计算机   |
| 1104 | 汪洋   | 计算机   |
| 1105 | 黎方方 | 计算机   |
| 1106 | 黎明   | 网络技术 |
+------+--------+----------+
6 rows in set (0.00 sec)
```

查询 xscj 数据库 xs 表中不在 1989 年出生的学生情况：

```
mysql> SELECT  学号, 姓名, 专业, 出生年月
    ->      FROM XS
```

```
->      WHERE 出生年月 NOT BETWEEN '1989-1-1' and '1989-12-31';
+------+--------+----------+------------+
| 学号 | 姓名   | 专业     | 出生年月   |
+------+--------+----------+------------+
| 1101 | 王林   | 网络技术 | 1985-06-21 |
| 1102 | 张三   | 计算机   | 1985-11-05 |
| 1103 | 成名   | 计算机   | 1981-02-01 |
| 1104 | 汪洋   | 计算机   | 1979-10-06 |
| 1105 | 黎方方 | 计算机   | 1980-08-09 |
| 1106 | 黎明   | 网络技术 | 1982-01-12 |
+------+--------+----------+------------+
6 rows in set (0.00 sec)
```

查询 xs 表中专业名为"计算机""通信工程"或"无线电"的学生的情况：

```
mysql> SELECT *
    ->    FROM XS
    ->    WHERE 专业 IN ('计算机', '通信工程', '无线电');
+------+--------+--------+-------+------------+--------+------+
| 学号 | 姓名   | 专业   | 性别  | 出生年月   | 总学分 | 备注 |
+------+--------+--------+-------+------------+--------+------+
| 1102 | 张三   | 计算机 | TRUE  | 1985-11-05 |     60 | NULL |
| 1103 | 成名   | 计算机 | TRUE  | 1981-02-01 |     50 | NULL |
| 1104 | 汪洋   | 计算机 | FALSE | 1979-10-06 |     50 | NULL |
| 1105 | 黎方方 | 计算机 | TRUE  | 1980-08-09 |     70 | NULL |
+------+--------+--------+-------+------------+--------+------+
4 rows in set (0.00 sec)
```

上述语句等价于：

```
mysql> SELECT *
    ->    FROM XS
    ->    WHERE 专业='计算机' OR 专业 = '通信工程' OR 专业= '无线电';
+------+--------+--------+-------+------------+--------+------+
| 学号 | 姓名   | 专业   | 性别  | 出生年月   | 总学分 | 备注 |
+------+--------+--------+-------+------------+--------+------+
| 1102 | 张三   | 计算机 | TRUE  | 1985-11-05 |     60 | NULL |
| 1103 | 成名   | 计算机 | TRUE  | 1981-02-01 |     50 | NULL |
| 1104 | 汪洋   | 计算机 | FALSE | 1979-10-06 |     50 | NULL |
| 1105 | 黎方方 | 计算机 | TRUE  | 1980-08-09 |     70 | NULL |
+------+--------+--------+-------+------------+--------+------+
4 rows in set (0.00 sec)
```

习 题

1. 根据表 4-4 的数据完成下列操作。

表 4-4 表中数据

id	name	company	price	produce_time	validity_time	address
1	AA 饼干	AA 饼干厂	2.5	2009	3	北京
2	CC 牛奶	CC 牛奶厂	3.5	2011	1	河北
3	EE 果冻	EE 果冻厂	1.5	2008	2	北京
4	FF 咖啡	FF 咖啡厂	20	2003	5	天津
5	GG 奶糖	GG 奶糖厂	14	2004	3	广东

（1）将 CC 牛奶厂的厂址改为内蒙古，并且将价格调高到 3.2。

（2）将厂址在北京的公司的保质期都改为 5 年。

（3）删除 2008 年过期食品的记录。

（4）删除厂址为北京的食品记录。

2. 创建 teacher 表和 course 表（参考表 4-5、表 4-6）。

表 4-5 teacher 表

id	num	name	sex	birthday	address
1	1001	张三	男	1984—11—08	北京市昌平区
2	1002	李四	女	1970—01—21	北京市海淀区
3	1003	王五	男	1976—10—30	北京市昌平区
4	1004	赵六	男	1980—06—05	北京市顺义区

表 4-6 course 表

id	coursename	num	total
1	数据库基础	1001	72
2	网络基础	1002	72
3	云计算基础	1003	68
4	网络安全基础	1004	54
5	计算机基础	1003	32

（1）把住在北京昌平区并且姓张的老师的生日改为 1982—11—08。

（2）把 80 后的老师名字后面加一个新字。

（3）为两个表建立外键关系。

（4）工号为 1002 的教师离职了，删除工号为 1002 的教师信息。

思考：（4）题可以删除吗？如果不能删除，怎样才可以删掉呢？

3. 创建 emp 表，见表 4-7。

表 4-7 emp 表

```
mysql> select * from emp;
+-------+--------+-----------+------+------------+------+------+--------+
| EMPNO | ENAME  | JOB       | MGR  | HIREDATE   | SAL  | COMM | DEPTNO |
+-------+--------+-----------+------+------------+------+------+--------+
|  7369 | SMITH  | CLERK     | 7902 | 1980-12-17 |  800 | NULL |     20 |
|  7499 | ALLEN  | SALESMAN  | 7698 | 1981-02-20 | 1600 |  300 |     30 |
|  7521 | WARD   | SALESMAN  | 7698 | 1981-02-22 | 1250 |  500 |     30 |
|  7566 | JONES  | MANAGER   | 7839 | 1981-04-02 | 2975 | NULL |     20 |
|  7654 | MARTIN | SALESMAN  | 7698 | 1981-09-28 | 1250 | 1400 |     30 |
|  7698 | BLAKE  | MANAGER   | 7839 | 1981-05-01 | 2850 | NULL |     30 |
|  7782 | CLARK  | MANAGER   | 7839 | 1981-06-09 | 2450 | NULL |     10 |
|  7788 | SCOTT  | ANALYST   | 7566 | 1987-07-13 | 3000 | NULL |     20 |
|  7839 | KING   | PRESIDENT | NULL | 1981-11-17 | 5000 | NULL |     10 |
|  7844 | TURNER | SALESMAN  | 7698 | 1981-09-08 | 1500 |    0 |     30 |
|  7876 | ADAMS  | CLERK     | 7788 | 1987-07-13 | 1100 | NULL |     20 |
|  7900 | JAMES  | CLERK     | 7698 | 1981-12-03 |  950 | NULL |     30 |
|  7902 | FORD   | ANALYST   | 7566 | 1981-12-03 | 3000 | NULL |     20 |
|  7934 | MILLER | CLERK     | 7782 | 1982-01-23 | 1300 | NULL |     10 |
+-------+--------+-----------+------+------------+------+------+--------+
```

（1）写出上述表的建表语句。

（2）给出相应的 INSERT 语句来完成题中给出数据的插入。

（3）将所有员工的工资上浮 10%。请查询员工姓名、薪水、补助（SAL 为工资、COMM 为补助）。

（4）查看 emp 表中部门号为 5 的员工的姓名、职位、参加工作时间、工资。

（5）计算每个员工的年薪（不包含补助），要求输出员工姓名、年薪。

（6）查询每个员工每个月拿到的总金额（SAL 为工资、COMM 为补助）。

（7）显示职位是主管（MANAGER）的员工的姓名、工资。

（8）显示第 3 个字符为大写 R 的所有员工的姓名及工资。

（9）显示职位为销售员（SALESMAN）或主管（MANAGER）的员工的姓名、工资、职位。

（10）显示所有没有补助的员工的姓名。

（11）显示有补助的员工的姓名、工资、补助。

第 5 章

数据库索引和视图

📖 **学习目标：**

　　➲ 理解索引的作用
　　➲ 掌握索引的分类与创建
　　➲ 掌握视图的创建和管理
　　➲ 掌握视图的设计
　　➲ 掌握索引的创建和管理
　　➲ 掌握索引的设计原则

📖 **本章重点：**

　　➲ 索引的设计
　　➲ 索引的管理
　　➲ 视图外模式的设计
　　➲ 视图的管理
　　➲ 可更新性视图

📖 **本章难点：**

　　➲ 索引与视图的作用
　　➲ 索引的设计
　　➲ 视图的可更新性

◎ 引导案例

　　新华字典（见图 5-1）是通过音节表和偏旁部首表来加快查询的速度，那么数据库是通过什么来加快查询速度的呢？

图 5-1　新华字典

5.1　索　引

索引是一种特殊的文件，它们包含着对数据表里所有记录的引用指针。更通俗地说，数据库索引好比是一本书前面的目录，能加快数据库的查询速度。在没有索引的情况下，单表查询可能几十万数据就是瓶颈，而通常大型网站单日就可能会产生几十万甚至几百万的数据，没有索引查询会变得非常缓慢。索引分为聚簇索引和非聚簇索引两种，聚簇索引是按照数据存放的物理位置为顺序的，而非聚簇索引就不一样了。聚簇索引能提高多行检索的速度，而非聚簇索引对于单行的检索很快。

索引是一个单独的物理数据结构，这个数据结构中包括表中的一列或若干列的值以及相应的指向表中物理标识这些值的数据页的逻辑指针清单。

1. 索引的优点

（1）通过创建唯一性索引，可以保证数据库表中每一行数据的唯一性。

（2）可以大大加快数据的检索速度，这也是创建索引的最主要原因。

（3）可以加速表和表之间的连接，特别是在实现数据的参考完整性方面特别有意义。在使用分组和排序子句进行数据检索时，同样可以显著减少查询中分组和排序的时间。

（4）通过使用索引，可以在查询的过程中使用优化隐藏器，提高系统的性能。

2. 索引的缺点

（1）多列索引。多列索引是在表的多个字段上创建一个索引。

（2）创建索引和维护索引要耗费时间，这种时间随着数据量的增加而增加。

（3）索引需要占物理空间，除了数据表占数据空间之外，每一个索引还要占一定的物理空间，如果要建立聚簇索引，那么需要的空间就会更大。

（4）当对表中的数据进行增加、删除和修改的时候，索引也需动态地维护，这样就降低了数据的维护速度。

索引有两个特征，即唯一性索引和复合索引。唯一性索引保证在索引列中的全部数据是唯一的，不会包含冗余数据。复合索引就是一个索引创建在两个列或者多个列上。

3. 索引的分类

1）普通索引

这是最基本的索引，它没有任何限制，图 5-2 所示为 title 字段创建一个普通索引，MyIASM 中默认的 BTREE 类型的索引，也是大多数情况下用到的索引。

```
mysql> CREATE TABLE `table` (
    -> `id` int(11) NOT NULL AUTO_INCREMENT ,
    -> `title` char(255) CHARACTER SET utf8 COLLATE utf8_general_ci NOT NULL ,
    -> `content` text CHARACTER SET utf8 COLLATE utf8_general_ci NULL ,
    -> `time` int(10) NULL DEFAULT NULL ,
    -> PRIMARY KEY (`id`),
    -> INDEX index_name (title(10))
    -> );
Query OK, 0 rows affected (0.47 sec)
```

图 5-2　创建普通索引

2）唯一索引

与普通索引类似，不同的就是索引列的值必须唯一，但允许有空值。如果是组合索引，则列值的组合必须唯一，其创建方法和普通索引类似。图 5-3 所示为 title 字段创建唯一索引。

图 5-3　创建唯一索引

3）全文索引（FULLTEXT）

从 MySQL 3.23.23 版开始支持全文索引和全文检索，FULLTEXT 索引仅可用于 MyISAM 表。全文索引可以从 CHAR、VARCHAR 或 TEXT 列中作为 CREATE TABLE 语句的一部分被创建，或是随后使用 ALTER TABLE 或 CREATE INDEX 被添加。对于较大的数据集，将资料输入一个没有 FULLTEXT 索引的表中，然后创建索引，其速度比把资料输入现有 FULLTEXT 索引的速度更快。不过切记对于大容量的数据表，生成全文索引是一个非常消耗时间和硬盘空间的做法。图 5-4 所示为 content 字段生成全文索引。

图 5-4　生成全文索引

4）单列索引、多列索引

多个单列索引与单个多列索引的查询效果不同，因为执行查询时 MySQL 只能使用一个索引，会从多个索引中选择一个限制最为严格的索引。

5）组合索引

平时使用的 SQL 查询语句一般都有比较多的限制条件，所以为了进一步提高 MySQL 的效率，就要考虑建立组合索引。

4. 索引的设计原则

索引设计不合理或者缺少索引都会影响数据库和应用程序的性能。高效的索引对于获得良好的性能非常重要。设计索引时，应该考虑以下准则。

（1）索引并非越多越好。一个表中如有大量的索引，不仅占用磁盘空间，而且会影响 INSERT、DELETE 和 UPDATE 等语句的性能。因为当更改表中的数据时，索引也要进行调整和更新。

（2）避免对经常更新的表进行过多的索引，并且索引列应尽可能少。而对于经常用于查询的字段应该创建索引，但要避免添加不必要的字段。

（3）数据量小的表最好不要使用索引。由于数据较少，查询花费的时间可能比遍历索引的时间还要短，索引可能不会产生优化效果。

（4）在条件表达式中经常会用到的不同值较多的列上要建立索引，在不同值少的列上不要建立索引。比如在学生表的"性别"字段上只有"男"和"女"两个不同值，因此就无须建立索引。

（5）当唯一性是某种数据本身的特征时，指定唯一索引。使用唯一索引需要能确保定义的列的数据完整性，以提高查询速度。

（6）在频繁进行排序或分组的列上建立索引，如果待排序的列有多个，可以在这些列上建立组合索引。

5.1.1　创建索引

创建索引是指在某个表的一列或多列上建立一个索引。直接创建索引，有以下 3 种方式。

1. 在创建表的时候创建索引

用 CREATE TABLE 语句创建表时，除了可以定义列的数据类型外，还可以定义主键约束、外键约束或者唯一性约束，而不论创建哪种约束，在定义约束的同时都相当于在指定列上创建一个索引，创建表时创建索引的基本语法格式如下：

```
CREATE  TABLE  table_name
(
  Column_definition,
  [UNIQUE | FULLTEXT] INDEX | KEY [index_name] (col_name [ ( len )] [ ASC | DESC ])
);
```

说明

◇ UNIQUE 和 FULLTEXT：为可选参数，分别表示唯一性索引、全文索引。注意全文索引在 MySQL 5.6 版本后才支持。

◇ INDEX 和 KEY：为同义词，两者可选其一，作用相同，用来指定创建索引。

◇ index_name：创建索引的名字，为可选参数。

◇ col_name：为需要创建索引的字段列，该列必须从数据表中定义的多个列中选择。

◇ len：为可选参数，表示索引的长度，只有字符串类型的字段才能指定索引长度。

◇ ASC|DESC：指定升序或降序的索引值存储，ASC 为升序，DESC 为降序。

2. 在已存在的表上使用 CREATE INDEX 语句创建索引

```
CREATE [UNIQUE | FULLTEXT] INDEX index_name
ON  table_name (col_name  [len]  [ ASC | DESC ]),...) ;
```

例 5-1　为 class 表中 class_name（班级名）、department（院系）字段创建一个唯一性的组合索引，如图 5-5 所示。

```
mysql> create unique index index1 on class(class_name,department);
Query OK, 0 rows affected (0.09 sec)
Records: 0  Duplicates: 0  Warnings: 0
```

图 5-5　例 5-1 图

3. 在已存在的表上使用 ALTER TABLE 语句创建索引

```
ALTER TABLE table_name
ADD INDEX | KEY [index_name] (col_name [len]  [ ASC | DESC ]),...) ;
```

5.1.2 查看索引

在实际使用索引的过程中，有时需要对表的索引信息进行查询，了解在表中曾经建立的索引。

```
SHOW INDEX FROM mytable FROM mydb;
SHOW INDEX FROM mydb.mytable;
```

说明

✧ 系统会自动为主键列创建一个索引，默认名为 PRIMARY，如图 5-6 所示。class 表中有一个名为 PRIMARY 的索引，如图 5-7 所示。

✧ 系统也会为带 Unique 约束的字段创建一个唯一性索引。

```
mysql> show index from class;
+-------+------------+----------+--------------+-------------+-----------+-----
--------+----------+--------+------+------------+---------+---------------+
| Table | Non_unique | Key_name | Seq_in_index | Column_name | Collation | Cardi
nality | Sub_part | Packed | Null | Index_type | Comment | Index_comment |
+-------+------------+----------+--------------+-------------+-----------+-----
--------+----------+--------+------+------------+---------+---------------+
| class |          0 | PRIMARY  |            1 | class_no    | A         |
      3 |     NULL | NULL   |      | BTREE      |         |               |
| class |          0 | index1   |            1 | class_name  | A         |
      3 |     NULL | NULL   | YES  | BTREE      |         |               |
| class |          0 | index1   |            2 | department  | A         |
      3 |     NULL | NULL   | YES  | BTREE      |         |               |
+-------+------------+----------+--------------+-------------+-----------+-----
--------+----------+--------+------+------------+---------+---------------+
```

图 5-6　查看 class 表的索引

```
mysql> show index from class\G
*************************** 1. row ***************************
        Table: class
   Non_unique: 0
     Key_name: PRIMARY
 Seq_in_index: 1
  Column_name: class_no
    Collation: A
  Cardinality: 3
     Sub_part: NULL
       Packed: NULL
         Null:
   Index_type: BTREE
      Comment:
Index_comment:
```

图 5-7　class 表的 PRIMARY 索引

5.1.3 删除索引

创建索引后，如果用户不再使用该索引，可以删除指定表的索引。

```
DROP  INDEX  index_name  ON  table_name ;
```

或者

```
ALTER  TABLE  table_name  DROP  INDEX  index_name ;
```

如果从表中删除某列，则索引会受影响。对于多列组合的索引，如果删除其中的某列，则该列也会从索引中删除。如果删除组成索引的所有列，则整个索引将被删除。

例 5-2　删除 class 表中索引 index1，如图 5-8 所示。

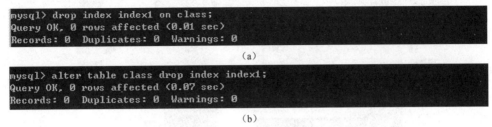

(a)

(b)

图 5-8　删除表中索引

注意

➤ 删除表中列时，如果要删除的列为索引的组成部分，则该列也会从索引中删除。

➤ 如果组成索引的所有列都被删除，则整个索引将被删除。

5.2　视　图

从用户角度来看，一个视图是从一个特定的角度来查看数据库中数据的。从数据库系统内部来看，一个视图是由 SELECT 语句组成的查询定义的虚拟表，视图是由一张或多张表中的数据组成的。从数据库系统外部来看，如图 5-9 所示，视图就如同一张表一样，对表能够进行的一般操作都可以应用于视图，如查询、插入、修改、删除操作等。

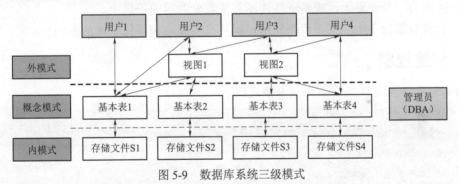

图 5-9　数据库系统三级模式

视图是一个虚拟表，其内容由查询定义。同真实的表一样，视图的作用类似于筛选，如图 5-10 所示。定义视图的筛选可以来自当前或其他数据库的一个或多个表，或者其他视图。分布式查询也可用于定义使用多个异类源数据的视图。

视图是存储在数据库中的 SQL 查询语句，它主要出于两种原因：一个是安全原因，视图可以隐藏一些数据，如社会保险基金表，可以用视图只显示姓名、地址，而不显示社会保险号和工资数等；另一个原因是可使复杂的查询易于理解和使用。

视图一经定义便存储在数据库中，与其相对应的数据并没有像表那样又在数据库中再存储一份，通过视图看到的数据只是存放在基本表中的数据。对视图的操作与对表的操作一样，可以对其进行查询、修改（有一定的限制）、删除。

当对通过视图看到的数据进行修改时，相应的基本表的数据也要发生变化。同时，若基本表的数据发生变化，则这种变化也可以自动地反映到视图中。

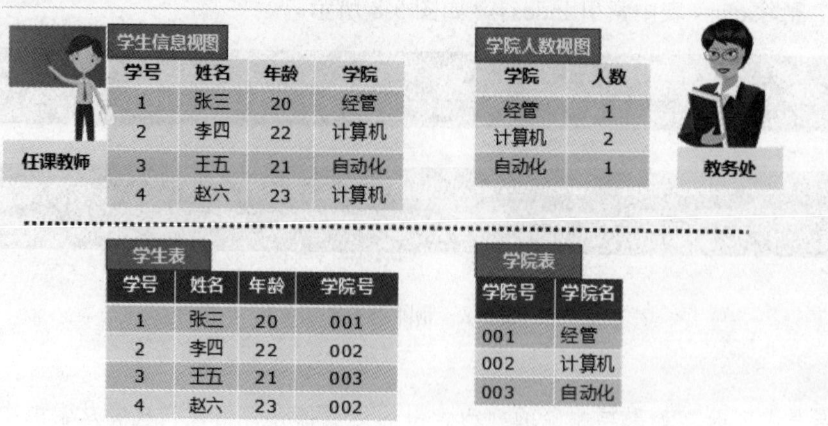

图 5-10　视图的举例

视图的作用如下：

（1）简单性。看到的就是需要的。视图不仅可以简化用户对数据的理解，也可以简化他们的操作。那些被经常使用的查询可以被定义为视图，从而使得用户不必为以后的操作每次指定全部的条件。

（2）安全性。通过视图，用户只能查询和修改他们所能见到的数据。但不能授权到数据库特定行和特定的列上。通过视图，用户可以被限制在数据的不同子集上，使用权限可被限制在另一视图的一个子集上，或是一些视图和基表合并后的子集上。

（3）逻辑数据独立性。视图可帮助用户屏蔽真实表结构变化带来的影响。

5.2.1　创建视图

在 MySQL 中创建视图的语句基本格式如下：

```
CREATE [OR REPLACE] [ALGORITHM = {UNDEFINED | MERGE | TEMPTABLE}]
    VIEW view_name [(column_list)]
    AS select_statement
[WITH [CASCADED | LOCAL] CHECK OPTION]
```

说明

◇ REPLACE：表示替换已经创建的视图，若该视图不存在，则创建一个视图。

◇ ALGORITHM：表示视图的算法，可选择 UNDEFINED、MERGE 和 TEMPTABLE。

➤ UNDEFINED：表示自动选择算法。

➤ MERGE：表示将使用的视图语句与视图定义合并，使得视图定义的某一部分取代语句对应的部分。

➤ TEMPTABLE：表示将视图的结果存入临时表，然后用临时表来执行语句。

◇ view_name：视图的名字。

◇ column_list：表示属性列。

◇ select_statement：表示 select 语句。

◇ [WITH [CASCADED | LOCAL] CHECK OPTION]：表示视图在更新时保证在视图的操作权限范围之内。

➤ CASCADED：表示更新视图时要满足所有相关视图和表的条件。

➤ LOCAL：表示更新视图时满足该视图本身定义的条件。

例 5-3 为图书表创建一个视图，如图 5-11 所示。

```
mysql> create view view_book
    -> as select * from book;
Query OK, 0 rows affected (0.07 sec)

mysql> select * from view_book;
+--------+--------+--------------+--------+----------------+-------+
| 总编号 | 分类号 | 书名         | 作者   | 出版单位       | 单价  |
+--------+--------+--------------+--------+----------------+-------+
| 445501 | TP3/12 | 数据库导论   | 王强   | 科学出版社     | 17.9  |
| 445502 | TP3/12 | 数据库导论   | 王强   | 科学出版社     | 17.9  |
| 445503 | TP3/12 | 数据库导论   | 王强   | 科学出版社     | 17.9  |
| 332211 | TP5/10 | 计算机基础   | 李伟   | 高等教育出版社 | 18    |
| 112266 | TP3/12 | foxbase      | 张三明 | 电子工业出版社 | 23.6  |
| 665544 | TS7/21 | 高等数学     | 刘明   | 高等教育出版社 | 20    |
| 114455 | TR9/12 | 线性代数     | 孙业   | 北京大学出版社 | 20.8  |
| 113388 | TR7/90 | 大学英语     | 胡玲   | 清华大学出版社 | 12.5  |
| 446601 | TP4/13 | 数据库基础   | 马凌云 | 人民邮电出版社 | 22.5  |
| 446602 | TP4/13 | 数据库基础   | 马凌云 | 人民邮电出版社 | 22.5  |
| 446603 | TP4/13 | 数据库基础   | 马凌云 | 人民邮电出版社 | 22.5  |
| 449901 | TP4/14 | foxpro大全   | 周虹   | 科学出版社     | 32.7  |
| 449902 | TP4/14 | foxpro大全   | 周虹   | 科学出版社     | 32.7  |
| 118801 | TP4/15 | 计算机网络   | 黄力均 | 高等教育出版社 | 21.8  |
| 118802 | TP4/15 | 计算机网络   | 黄力均 | 高等教育出版社 | 21.8  |
```

图 5-11　创建视图

注意

创建视图时需要注意以下几点。

➤ 运行创建视图的语句需要用户具有创建视图（create view）的权限。

➤ select 语句不能包含 from 子句中的子查询。

➤ select 语句不能引用系统或用户变量。

➤ select 语句不能引用预处理语句参数。

➤ 在存储子程序内，定义不能引用子程序参数或局部变量。

➤ 在定义中引用的表或视图必须存在。

➤ 在定义中不能引用 temporary 表，不能创建 temporary 视图。

➤ 在视图定义中命名的表必须已存在。

➤ 不能将触发程序与视图关联在一起。

➤ 在视图定义中允许使用 order by。

5.2.2　查看视图的定义

查看视图是指查看数据库中已经存在的视图的定义。查看视图必须要有 show view 的权限。查看视图的方法包括以下几条语句，它们从不同的角度显示视图的相关信息。

1. DESCRIBE 语句

```
describe view_name;
```

或

```
Desc view_name;
```

2. SHOW TABLE STATUS 语句

```
SHOW TABLE STATUS like 'view_name';
```

3. SHOW CREATE VIEW 语句

```
SHOW CREATE VIEW 'view_name';
```

4. 查询 information_schema 数据库下的 views 表

```
SELECT * FROM INFORMATION_SCHEMA.VIEWS
WHERE TABLE_NAME ='view_name';
```

5.2.3 修改视图定义

修改视图是指修改数据库中已经存在表的定义。

1. CREATE OR REPLACE VIEW 语句格式

```
CREATE OR REPLACE VIEW
  [ALGORITHM = {UNDEFINED | MERGE | TEMPTABLE}]
    VIEW view_name[ { column_list } ]
        AS select_statment
            [ WITH [ CASCADED | LOCAL ] CHECK OPTION];
```

2. ALTER VIEW 语句格式

```
ALTER VIEW
  [ALGORITHM = {UNDEFINED | MERGE | TEMPTABLE}]
    VIEW view_name[ { column_list } ]
        AS select_statment
            [ WITH [ CASCADED | LOCAL ] CHECK OPTION];
```

5.2.4 删除视图

删除视图时只能删除视图的定义，不会删除数据。其次用户必须拥有 drop 权限。

```
DROP VIEW [ IF EXISTS ] view_name[,view_name2]…
RESTRICT | CASCADE ]
```

5.2.5 视图数据更新

对视图的更新其实就是对表的更新，更新视图是指通过视图来插入、更新和删除表中的数据。通过视图更新时，都是转换到基本表来更新。更新视图时，只能更新权限范围内的数据。

以下情况视图无法更新。

（1）视图中包含 sum( )、count( )等聚集函数的。

（2）视图中包含 union、union all、distinct、group by、having 等关键字的。

（3）常量视图，如 create view view_now as select now( ) 。

（4）视图中包含子查询。

（5）由不可更新的视图导出的视图。

（6）创建视图时 algorithm 为 temptable 类型。

（7）视图对应的表上存在没有默认值的列，而且该列没有包含在视图里。

（8）with [cascaded|local] check option 也将决定视图是否可以更新。

5.3　本章小结

本章介绍了视图和索引的概念和作用、索引和视图的管理。本章需要掌握索引和视图的创建、索引的设计原则、视图的可更新性，掌握视图的创建、查看和删除以及索引的创建、查看和删除等内容。

案 例 实 现

创建一个视图 c_view1，显示 1500411 班同学的信息（见图 5-12）：

```
mysql> create view c_view1
    -> as
    -> select * from student where class_no=1500411;
Query OK, 0 rows affected (0.02 sec)
```

```
mysql> select * from student;
+----------+------+------+------------+----------+
| number   | name | tel  | birth      | class_no |
+----------+------+------+------------+----------+
| 2015001  | 张三 | NULL | 1999-02-09 | 1500411  |
| 2015002  | 李四 | NULL | 1995-12-01 | 1500411  |
| 2015003  | 王五 | NULL | 1997-07-09 | 1500412  |
| 2015004  | 马六 | NULL | 1999-06-30 | 1500412  |
| 2015005  | 田七 | NULL | 1996-03-08 |     NULL |
+----------+------+------+------------+----------+
```

图 5-12　student 表数据

使用 4 种方式查看视图 c_view1。

第一种：

```
mysql> desc c_view1;
+----------+----------+------+-----+---------+-------+
| Field    | Type     | Null | Key | Default | Extra |
+----------+----------+------+-----+---------+-------+
| number   | char(11) | NO   |     | NULL    |       |
| name     | char(10) | NO   |     | NULL    |       |
| tel      | char(20) | YES  |     | NULL    |       |
| birth    | date     | YES  |     | NULL    |       |
| class_no | int(11)  | YES  |     | NULL    |       |
+----------+----------+------+-----+---------+-------+
5 rows in set (0.01 sec)
```

第二种：

```
mysql> show create view c_view1\G
*************************** 1. row ***************************
           View: c_view1
    Create View: CREATE ALGORITHM=UNDEFINED DEFINER=`root`@`localhost` SQL
SECURITY DEFINER VIEW `c_view1` AS select `student`.`number` AS `number`,`student`.
`name` AS `name`,`student`.`tel` AS `tel`,`student`.`birth` AS `birth`,`student`.
`class_no` AS `class_no` from `student` where (`student`.`class_no` = 150041
1)
character_set_client: gbk
collation_connection: gbk_chinese_ci
1 row in set (0.00 sec)
```

第三种：

```
mysql> show table status like 'c_view1'\G
*************************** 1. row ***************************
            Name: c_view1
          Engine: NULL
         Version: NULL
      Row_format: NULL
            Rows: NULL
  Avg_row_length: NULL
     Data_length: NULL
 Max_data_length: NULL
    Index_length: NULL
       Data_free: NULL
  Auto_increment: NULL
     Create_time: NULL
     Update_time: NULL
      Check_time: NULL
       Collation: NULL
        Checksum: NULL
  Create_options: NULL
         Comment: VIEW
1 row in set (0.00 sec)
```

第四种：

```
mysql> select * from information_schema.views where table_name='c_view1'\G
*************************** 1. row ***************************
   TABLE_CATALOG: def
    TABLE_SCHEMA: choose
```

```
      TABLE_NAME: c_view1
    VIEW_DEFINITION: select `choose`.`student`.`number` AS `number`,`choose`.
`student`.`name` AS `name`,`choose`.`student`.`tel` AS `tel`,`choose`.`student`.
`birth` AS `birth`,`choose`.`student`.`class_no` AS `class_no` from `choose`.
`student` where (`choose`.`student`.`class_no` = 1500411)
    CHECK_OPTION: NONE
    IS_UPDATABLE: YES
        DEFINER: root@localhost
    SECURITY_TYPE: DEFINER
CHARACTER_SET_CLIENT: gbk
COLLATION_CONNECTION: gbk_chinese_ci
1 row in set (0.01 sec)
```

使用 select 查看视图 c_view1 数据：

```
mysql> select * from c_view1;
+---------+------+------+------------+----------+
| number  | name | tel  | birth      | class_no |
+---------+------+------+------------+----------+
| 2015001 | 张三 | NULL | 1999-02-09 | 1500411  |
| 2015002 | 李四 | NULL | 1995-12-01 | 1500411  |
+---------+------+------+------------+----------+
2 rows in set (0.00 sec)
```

更新视图 c_view1 中班级号为 1500412，能否更新成功？

```
mysql> update c_view1 set class_no=1500412;
Query OK, 2 rows affected (0.01 sec)
Rows matched: 2  Changed: 2  Warnings: 0
```

创建一个视图 c_view2，作用同 c_view1，但是定义更新视图时需要满足该视图本身的定义条件：

```
mysql> create view c_view2
    -> as select * from student where class_no=1500411 with local check option;
Query OK, 0 rows affected (0.00 sec)
```

删除视图 c_view1：

```
mysql> drop view c_view1;
Query OK, 0 rows affected (0.00 sec)
```

习　　题

使用学生选课数据库，完成数据查询，如图 5-13～图 5-15 所示。

```
mysql> select * from xs;
+------+------+----------+-------+------------+--------+------+
| 学号 | 姓名 | 专业     | 性别  | 出生年月   | 总学分 | 备注 |
+------+------+----------+-------+------------+--------+------+
| 1101 | 王林 | 网络技术 | FALSE | 1985-06-21 |     56 | NULL |
| 1102 | 张三 | 计算机   | TRUE  | 1985-11-05 |     60 | NULL |
| 1103 | 成名 | 计算机   | TRUE  | 1981-02-01 |     50 | NULL |
| 1104 | 汪洋 | 计算机   | FALSE | 1979-10-06 |     50 | NULL |
| 1105 | 黎方方 | 计算机 | TRUE  | 1980-08-09 |     70 | NULL |
| 1106 | 黎明 | 网络技术 | TRUE  | 1982-01-12 |     80 | NULL |
+------+------+----------+-------+------------+--------+------+
6 rows in set <0.00 sec>
```

图 5-13 xs 表数据

```
mysql> select * from kc;
+--------+------------+------+----------+------+
| 课程号 | 课程名     | 学时 | 开课学期 | 学分 |
+--------+------------+------+----------+------+
| 1101   | c语言      | NULL | NULL     |    3 |
| 12     | 计算机基础 | NULL | NULL     |    2 |
| 13     | sql        | NULL | NULL     |    3 |
| 206    | 离散数学   |   68 |        5 |    4 |
| 208    | 数据结构   |   68 |        6 |    4 |
| 209    | 操作系统   |   68 |        6 |    4 |
| 301    | 计算机网络 |   51 |        7 |    3 |
+--------+------------+------+----------+------+
7 rows in set <0.00 sec>
```

图 5-14 kc 表数据

```
mysql> select * from xs_kc;
+------+--------+------+
| 学号 | 课程号 | 成绩 |
+------+--------+------+
| 1    | 12     |   86 |
| 1101 | 1101   |  100 |
| 1102 | 12     |   60 |
| 1103 | 206    |   98 |
| 1104 | 12     |   85 |
| 2    | 1101   |   95 |
| 3    | 1101   |   75 |
| 4    | 1101   |   56 |
+------+--------+------+
8 rows in set <0.00 sec>
```

图 5-15 xs_kc 表数据

对于选课系统中常使用的查询创建视图：

（1）创建一个视图 c_view1，显示的结果是每个学生学号、学生姓名和选课数量。

（2）创建一个视图 c_view2，显示的结果是每个学生学号、学生姓名和不及格的课程数。

（3）创建一个视图 c_view3，显示的结果是每门课程的课程名以及该课程的总分、平均分、最低分和最高分。

（4）为 xs 表中的专业字段创建一个唯一性索引。

第 6 章

数据库设计

◎ 引导案例

关系数据库的组织形式是二维表，为什么需要数据库设计呢？糟糕的数据库设计，有可能存在大量数据库冗余，浪费了大量存储空间，存在数据插入、更新、删除异常，访问效率低。假设表 6-1 是一个不完整的某公司员工信息表，现要统计本月生日的员工进行礼金发放，那么是否数据库设计的时候应该考虑添加一列生日月份呢？

表 6-1　employee 表

EmployeeID（员工号）	Name（姓名）	Sex（性别）	Birthday（生日）	Identified（身份证号）
001	John	M	19871209	500***19871209****
002	Mary	F	19961208	500***19961208****
003	Jack	M	19760517	500***19760517****
...	...	...	...	...

思考

带着以下问题学习本章：表 6-1 所列员工信息表是否存在数据冗余？为什么说良好的数据库设计可以减少数据冗余、避免数据维护异常、节约存储空间、能够进行高效的访问？

6.1　数据库设计过程

数据库设计就是根据业务系统的要求，选择合适的 DBMS（数据库管理系统），建立最有效的数据存储模型，并建立数据库中表结构以及表与表之间关联关系的过程。使之能有效地存储、高效地访问。

数据库的设计过程如图 6-1 所示，具体如下。

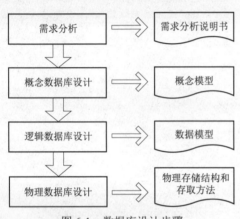

图 6-1　数据库设计步骤

1. 需求分析

调查应用领域，对应用领域各种应用的信息要求和操作要求进行详细分析，输出一份《需求分析说明书》。

2. 概念数据库设计

以需求分析阶段所识别的数据项和应用领域的未来改变信息为基础，使用高级数据模型建立概念数据库模式。这也是数据库设计阶段认识现实世界的过程。

3. 逻辑数据库设计

概念数据库模式或者概念模型是计算机无法理解的世界，因此需要把概念设计阶段产生的概念数据库模式变换为逻辑数据库模式。

4. 物理数据库设计

在逻辑数据库设计的基础上，为每个关系模式选择合适的存储结构和存取方法，使数据上的事务能够高效地运行。

6.2　需　求　分　析

需求分析的基本步骤如下。

（1）调查分析应用领域的组织结构、业务流程和数据流程。

① 调查给定应用领域的组织结构，列出各职能部门以及相互关系。

② 调查每个职能部门的业务活动情况，抽象出每个职能部门各种应用的功能和所需信息的定义，并确定职能部门内单个应用之间的信息依赖关系及信息流通路径。

③ 协助用户明确对系统的各种要求，包括信息要求、处理要求、安全性和完整性要求。

④ 对以上结果进行初步分析，确定系统边界，确定哪些功能由计算机完成或将来由计算机完成，哪些由人工完成。

（2）根据上一个阶段的分析，抽象出下列信息。

① 定义应用领域的流程信息。

② 定义应用领域的存储信息。

③ 确定应用领域中各种流动信息的源点和终点。

④ 定义应用领域的各种应用，包括输入信息、输出信息和应用功能定义。

⑤ 定义上述四者之间的联系。

（3）通过数据流图的方法抽象出逻辑模型。

数据流图（Data Flow Diagram，DFD），从数据传递和加工角度，以图形方式来表达系统的逻辑功能、数据在系统内部的逻辑流向和逻辑变换过程，是结构化系统分析方法的主要表达工具及用于表示软件模型的一种图示方法。

数据流图从顶层开始，依次为第 0 层（见图 6-3）、第 1 层、第 2 层等，逐级层次化，分解到系统的工作过程表达清楚为止。其基本符号如图 6-2 所示。

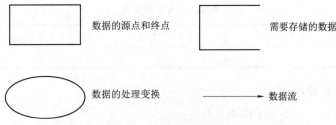

图 6-2　数据流基本符号

说明

◇ 矩形方框表示数据的源点或终点，即数据处理过程的数据来源或数据去向。

◇ 3 条线组成的没有封闭的矩形表示需要存储的数据。

◇ 圆形表示数据处理，表示对数据进行的加工或变换。

◇ 箭头表示数据流，也就是特定数据的流动方向。

示例：图书管理系统第 0 层数据流图，如图 6-3 所示。

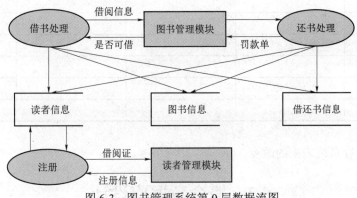

图 6-3　图书管理系统第 0 层数据流图

说明

表达用户需求的方法有很多，如数据流图、数据字典及功能图方法等，这些方法一般在软件工程课程中有详细介绍。本书简要说明和使用了数据流图的方法。

（4）定义数据库系统支持的信息与应用。

考察数据流图中的每个数据处理应用，确定正在设计的数据库是否应用且可能支持这个应用，将这些应用进行严格定义，内容包括应用名、应用功能定义、输入信息和输出信息，如表 6-2 所列。

表 6-2 应用定义表

编号	应用名	应用功能定义	输入信息	输出信息

考察数据流图中每个存储信息，确定其应用是否由数据库存储，将需要由数据库存储的信息进行严格定义，内容包括信息集合名、信息表内容定义、产生此信息集的应用和引用此信息集的应用，如表 6-3 所列。

表 6-3 信息定义表

编号	信息集合名	信息表内容定义	产生此信息集的应用	引用此信息集的应用

（5）定义数据库操作任务。

（6）定义数据项，如表 6-4 所列。

表 6-4 定义数据项

数据项组名：				
特征	数据项名	数据项名	数据项名	数据项名
	编号：	编号：	编号：	编号：
数据类型				
数据宽度				
小数位数				
单位				
值约束				
空值				
值个数				

（7）预测现行系统未来的改变。

6.3 概念数据库设计

数据模型主要用来抽象、表示和处理现实世界中的数据和信息，以便于采用数据库技术对数据进行集中管理和应用，是对客观事物及其联系的数学描述（见图 6-4）。关系型数据库管理的数据模型是关系模型。人认识信息世界是从概念模型开始的，因此要先进行概念数据库设计。

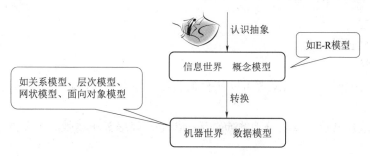

图 6-4　信息数据的 3 种世界

产生反映组织信息需求的数据库概念结构，即概念模型。概念模型独立于数据库逻辑结构、DBMS 及计算机系统。概念模型以一组 E-R 图形式表示。概念设计侧重于数据内容的分析和抽象，以用户的观点描述应用中的实体以及实体间的联系。

概念数据库设计通常使用 E-R（Entity-Relationship，实体–联系）方法来进行概念数据库设计。通过 E-R 图可以描述实现世界。

1. E-R 模型设计原则

（1）属性应该存于且只存在于某一个地方（实体或者关联）。

（2）实体是一个单独的个体，不能存在于另一个实体中成为其属性。

（3）同一个实体在同一个 E-R 图内仅出现一次。

2. E-R 模型设计步骤

（1）划分和确定实体。

（2）划分和确定联系。

（3）确定属性。

（4）画出 E-R 模型。

（5）优化 E-R 模型。

6.3.1　E-R 模型相关概念

1. 实体（Entity）

现实世界中实实在在存在的各种事物的抽象，是 E-R 模型中的基本对象。一个数据库常有很多类似的实体，如图书管理系统中就有读者、图书等实体。

实体型是一个具有相同属性的实体集合，由一个实体型名字和一组属性来定义，也称为实体模式。

实例：表示实体集合中任一实体，简称实体。

键：每个实体型都由一个或多个属性组成，用于区别不同的实体。

2. 属性（Attribute）

属性即某一实体的特征。在 E-R 模型中，实体必须由一组属性来描述，属性又分为以下几种。

1）复合属性

某些属性可以划分成多个具有独立意义的子属性，这类属性则称为复合属性。

2）单值属性

对于同一个实体只能取一个值的属性。

3）多值属性

可能取多个值的属性。

4）导出属性

可以从另一个属性中导出或者可以从有关的实体导出的属性。

例

❖ 某单位地址属性可以划分为省市、区、街道及邮编等子属性，那么该地址属性就是一个复合属性。

❖ 人的性别属性对于同一个实体只能取一个值，性别属性就是一个单值属性。

❖ 某种情况下，人的学位属性就是一个多值属性，因为一个人可以有两个及以上的学位。

❖ 本章节开始的案例中，生日属性可以从身份证属性中导出，即生日属性为导出属性。

3. 联系（Relationship）

联系即实体与实体间的对应关系。联系分为以下 3 种类型。

1）一对一联系（1:1）

如果实体集 A 中每个实体至多和实体集 B 中一个实体有联系，反之亦然，则称实体集 A 和实体集 B 为一对一的联系，记作 1:1 联系。

2）一对多联系（1:N）

如果实体集 A 中每个实体可以和实体集 B 中任意个（零个或者多个）有联系，而实体集 B 中每个实体至多和实体集 A 中一个实体有联系，则称实体集 A 和实体集 B 为一对多的关系，记作 1:N 联系。

3）多对多联系（$M:N$）

如果实体集 A 中每个实体可以与实体集 B 中任意个（零个或者多个）实体有联系，反之亦然，则称实体集 A 和实体集 B 为多对多的联系，记作 $M:N$ 联系。

例

❖ 实体集丈夫和实体集妻子之间是 1:1 的关系。

❖ 实体集班级与实体集学生之间是 1:N 的关系。

❖ 实体集教师与实体集学生之间的关系是 $M:N$ 的关系。

6.3.2　E-R 模型表示方法

E-R 模型的表示方法如图 6-5 和图 6-6 所示。

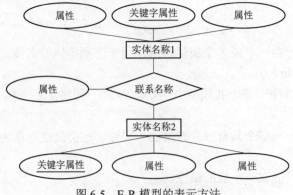

图 6-5　E-R 模型的表示方法

（1）用矩形（□）表示实体，框内注明实体名称。

（2）用椭圆形（○）表示实体的属性，注明属性名称。

（3）用菱形（◇）表示实体间的联系，注明联系名称。

（4）用无向边线"—"连接实体与属性。

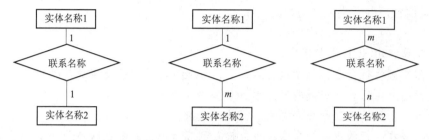

图 6-6　各种关系的表示方法

6.4　逻辑数据库设计

逻辑数据库设计步骤如图 6-7 所示，包括以下步骤。

（1）E-R 模型转换成关系数据库模式。

（2）关系数据库模式的规范化。

（3）模式评价。

（4）模式修正。

（5）最终产生一个优化的全局关系数据库模式。

（6）子模式设计。

6.4.1　初始关系数据库模式的形成

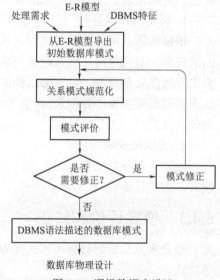

图 6-7　逻辑数据库设计

将 E-R 图向关系模型转换的步骤如下。

（1）一个实体转换成一个关系，实体的属性转换为关系的属性，实体所对应的键就是关系所对应的码。

（2）1:1 联系可以转换为一个独立的关系模式，也可以与任意一端所对应的关系模式合并。如果转换为一个独立的关系模式，则与联系相连的各实体的码以及联系本身的属性均转换为关系的属性，每个实体的码均是该关系的候选码。如果将联系与任意一端实体所对应的关系模式合并，则需要在被合并的关系中增加属性，其新增的属性为联系本身的属性和与联系相关的另一个实体集的码。

（3）1:N 联系可以转换为一个独立的关系模式，也可以与 N 段所有对应的关系模式合并。如果转换为一个独立的关系模式，则与该联系相连的各实体的码以及联系本身的属性均转换为联系模式，而关系的码为 N 端的码。如果是在 N 端实体集中增加新属性，新属性由联系对应的 1 端实体集的码和联系自身的属性构成，新增属性后原关系的码不变。

（4）M:N 联系转换为一个关系模式，与该联系相连的各实体的码以及联系本身的属性均转换为关系的属性，新关系的码为两个相连实体码的组合。

（5）3 个或 3 个以上实体间的多元联系转换为一个关系模式，与该多元联系相连的各实体的码以及联系本身的属性均转换为关系的属性，而关系的码为各实体码的组合。

（6）具有相同码的关系可以合并，如果两个关系模式具有相同的主码，可以考虑将它们合并为一个关系模式，将其中一个关系模式的全部属性加入到另一个关系模式中，然后去掉其中的同义属性，并适当调整属性的次序。

注意

➢ 命令通常由 SQL 语句组成，以分号";"结束。

➢ 按回车键执行命令，显示执行结果后，mysql>表示准备好接受其他命令。

➢ 执行结果由行和列组成的表显示。

➢ 最后一行显示返回此命令影响的行数以及执行的时间。

➢ 不必全在一行给出一个命令，可以输入到多行中，系统见到";"开始执行。

6.4.2　数据库的规范化

数据库的规范化定义在 2.6 节有详细介绍。那么在对数据库进行规范化时，首先确定范式级别，再根据数据依赖确定已有的范式级别，根据需求写出数据库模式中存在的所有函数依赖，消除冗余数据依赖，求出最小的依赖集。

1. 确定范式级别

根据实际应用的需要（处理需求）确定要达到的范式级别、时间效率和模式设计问题之间的权衡；范式越高，模式设计问题越少，但连接运算越多，查询效率越低；如果根据应用要求对数据只是查询，没有更新操作，则非 BCNF 范式也不会带来实际影响；如果根据应用要求对数据更新操作较频繁，则要考虑高一级范式以避免数据不一致。实际应用中一般以 3NF 为最高范式。

2. 规范化处理

确定了初始数据模式的范式，以及应用要达到的范式级别后，按照规范化处理过程分解模式，达到目标范式。

6.4.3　模式评价和修正

检查规范化后的数据库模式是否完全满足用户需求，并确定要修正的部分，然后进行以下步骤。

1. 功能评价

检查数据库模式是否支持用户所有的功能要求；必须包含用户要存取的所有属性，如果某个功能涉及多个模式，要保证无损连接性。

2. 性能评价

检查查询响应时间是否满足规定的需求。由于模式分解导致连接代价不满足时，则要重新考虑模式分解的适当性，可采用模拟的方法评价性能。

根据模式评价的结果，对已规范化的数据库模式进行修改，若功能不满足，则要增加关系模式或属性，若性能不满足，则要考虑属性冗余或降低范式。可以采用合并或分解方法进行修改。合并：若多个模式具有相同的主码，而应用主要是查询，则可合并，减少连接开销。分解：对模式进行必要的分解，以提高效率。

6.4.4 用户外模式的设计

使用更符合用户习惯的别名，E-R 图集成时要消除命名冲突以保证关系和属性名的唯一，在子模式设计时可以重新定义这些名称，以符合用户习惯给不同级别的用户定义不同的子模式，保证系统安全性，如图 6-8 所示。

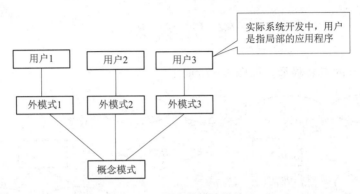

图 6-8 用户外模式设计

例如，产品（产品号，产品名，规格，单价，产品成本，产品合格率）

为一般顾客建立子模式：产品 1（产品号，产品名，规格，单价）

为销售部门建立子模式：产品 2（产品号，产品名，规格，单价，产品成本，产品合格率）

简化用户程序对系统的使用，可将某些复杂查询设计为子模式以方便使用。

6.5 数据库的物理设计

数据库物理设计是后半段。将一个给定逻辑结构实施到具体的环境中时，逻辑数据模型要选取一个具体的工作环境，这个工作环境提供了数据存储结构与存取方法，这个过程就是数据库的物理设计。

物理结构依赖于给定的 DBMS 和硬件系统，因此设计人员必须充分了解所用 RDBMS 的内部特征、存储结构、存取方法。数据库的物理设计通常分为两步：确定数据库的物理结构；评价实施空间效率和时间效率。

确定数据库的物理结构包含以下 4 方面的内容。

（1）确定数据的存储结构。

（2）设计数据的存取路径。

（3）确定数据的存放位置。

（4）确定系统配置。

数据库物理设计过程中需要对时间效率、空间效率、维护代价和各种用户要求进行权衡，选择一个优化方案作为数据库物理结构。在数据库物理设计中，最有效的方式是集中地存储和检索对象。

6.6 本章小结

本章介绍了数据库的设计，主要内容包括了数据库的设计过程、需求分析、概念数据库设计、数据库的逻辑设计、数据库的物理设计等内容。

案例实现

一个图书管理的 E-R 模型，如图 6-9 所示。

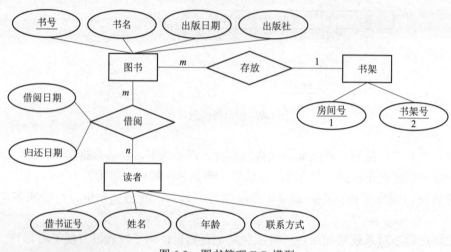

图 6-9   图书管理 E-R 模型

将 E-R 模型转换为关系模型。

书架表结构如表 6-5 所列。

表 6-5   书架表结构

字段名	描述	数据类型	主键	外键	非空	唯一	默认值	自增型
Rid	房间号	Int	是	否	是	是	否	否
Shelfid	书架号	Int	是	否	是	否	否	否

图书表结构如表 6-6 所列。

表 6-6   图书表结构

字段名	描述	数据类型	主键	外键	非空	唯一	默认值	自增型
Bookid	书号	Int	是	否	是	是	否	是
Bookname	书名	Varchar(20)	否	否	是	否	否	否
P_time	出版日期	Date	否	否	否	否	否	否
Publisher	出版社	Varchar(20)	否	否	否	否	否	否
Shelfid	书架	Int	否	是	否	否	否	否

读者表结构如表 6-7 所列。

表 6-7 读者表结构

字段名	描述	数据类型	主键	外键	非空	唯一	默认值	自增型
Readerid	读者编号	Int	是	否	是	是	否	是
Readername	读者姓名	Varchar(20)	否	否	是	否	否	否
Age	年龄	Int	否	否	否	否	否	否
Tel	联系方式	Varchar(20)	否	否	否	否	否	否

借阅表结构如表 6-8 所列。

表 6-8 借阅表结构

字段名	描述	数据类型	主键	外键	非空	唯一	默认值	自增型
Readerid	读者编号	Int	否	是	否	否	否	否
Bookid	书名	Int	否	是	否	否	否	否
B_time	借阅时间	Datetime	否	否	是	否	否	否
R_time	归还时间	Datetime	否	否	否	否	否	否

习　题

1. 简述数据库设计的步骤。
2. 简述数据库设计的作用。
3. 创建图书管理系统,插入测试数据,并设计视图和索引。

第 7 章

数据库编程

📖 学习目标：
- ➲ 掌握变量的声明和赋值
- ➲ 掌握条件的定义和程序处理
- ➲ 掌握存储过程的创建和调用
- ➲ 掌握自定义函数以及函数与存储过程的区别
- ➲ 理解自定义函数和系统函数的区别
- ➲ 掌握触发器的创建、查看和删除
- ➲ 了解事件的概念
- ➲ 掌握事件的创建、查看和删除

📖 本章重点：
- ➲ 存储过程的创建、调用、查看和删除
- ➲ 自定义函数的创建、调用、查看和删除
- ➲ 创建、打开、检索和关闭游标
- ➲ 存储过程和函数的区别、自定义函数和系统函数的区别
- ➲ 触发器和事件的创建、查看和删除

📖 本章难点：
- ➲ 存储过程流程控制语句
- ➲ 存储过程和函数的区别

◎ 引导案例

在选课过程中，至少要经过 5 个步骤，如图 7-1 所示，也就是说，客户端和服务器端至少要经过 5 次对话，需要完成一组 SQL 语句集。这样不仅增加了客户端的计算任务，还加重了网络传输。体现在数据库系统使用过程中会影响数据库的执行速度方面。

思考

全校所有学生同时选课，是否有可能造成网络负担过重？

如果在服务器端预先定义实现选课过程的 SQL 语句集程序，客户端去调用这个程序，那么客户端完成选课功能需要和服务器通信几次？

引导案例中提出的问题，可以使用预先编好存储在服务器上的程序，客户机每次只要执行这个程序并给出参数，只需要一次通信，就可以完成整个选课过程。

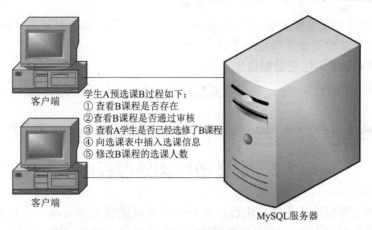

图 7-1　学生选课过程

存储过程和函数可以在数据库中定义一些 SQL 语句集，可以避免开发人员重复地编写相同的 SQL 语句，而且存储过程和函数是在 MySQL 服务器中存储和执行的，可以减少客户端和服务器端的数据传输，同时具有执行速度快、提高系统性能、数据安全等优点。数据库编程包括变量、控制语句、存储过程、函数、触发器及游标等内容。

7.1　变　　量

在程序设计里，变量是计算机分配给程序内存中的临时存储单元，变量的使用包括变量的声明、变量的赋值和变量的使用。

7.1.1　变量的声明

用户可以使用 DECLARE 关键字来定义变量，其语法格式如下：

```
DECLARE var_name1[,var_name2]... type[default value]
```

说明

◇ var_name1、var_name2 参数是声明变量的名称，可以定义多个变量。

◇ type 参数用来指明变量的类型。default value 子句将变量默认值设置为 value，如果没有使用 default 子句，则默认值是 null。

MySQL 变量的声明需要在存储过程或函数中声明。

7.1.2　变量的赋值

1. 用 SET 语句给变量赋值

```
SET var_name1=exper[,var_name2=exper]
```

说明

◇ var_name1、var_name2 参数是声明变量的名称，可以同时给多个变量赋值，用逗号隔开。

◇ set 可以直接声明用户变量，不需要声明类型，declare 必须指定类型。

◇ set 位置可以任意，declare 必须在复合语句的开头，在任何其他语句之前。

◇ declare 定义的变量作用范围是 begin…end 块内，只能在块中使用，set 定义的变量是全局通用的，变量名称前使用@符号修饰。

2. 用 SELECT 语句给变量赋值

```
SELECT col_name[,…] into var_name[,...] table_expr
```

说明

◇ col_name 是列名，var_name 是要赋值的变量名称，table_expr 表示数据的来源。

7.2 定义条件和处理程序

定义条件和处理程序是事先定义程序执行过程中可能遇到的问题，并且可以在处理程序中定义解决这些问题的方法。这种方式可以提前预测可能出现的问题，并提出解决方法。这样可以增强程序处理问题的能力，避免程序异常停止。

7.2.1 定义条件

MySQL 中可以使用 DECLARE 关键字来定义条件，其基本语法格式如下：

```
DECLARE condition_name CONDITION FOR condition_value
```

其中，condition_value 可参照以下格式：

```
SQLSTATE [value] sqlstate_value | mysql_error_code
```

说明

◇ condition_name 参数表示的是所有定义的条件。

◇ condition_value 是用来实现设置条件的类型。

◇ sqlstate_value 和 mysql_error_code 用来设置条件的错误。

例 7-1 下面定义 "ERROR 1146（42S02）" 这个错误，名称为 can_not_find，可以用两种方法来定义。

（1）使用 sqlstate_value 来定义：

```
Declare can_not_find condition for sqlstate 42S02;
```

（2）使用 mysql_error_code 来定义：

```
Declare can_not_find for 1146;
```

7.2.2 定义处理程序

MySQL 中可以使用 DECLARE 关键字来定义处理程序，其基本语法格式如下：

```
DECLARE handler_type HANDLER FOR
condition_value[...] sp_statement
```

其中，handler_type 可选择：

```
CONTINUE | EXIT | UNDO
```

condition_value 格式为：

```
SQLSTATE [VALUE] sqlstate_value | condition_name
| SQLWARNING | NOT FOUND SQLEXCEPTION | mysql_error_code
```

说明

◇ handler_type 参数指明错误的处理方式，该参数有 3 个取值。这 3 个取值分别是 CONTINUE、EXIT 和 UNDO。CONTINUE 表示遇到错误不进行处理，继续向下执行；EXIT 表示遇到错误后马上退出；UNDO 表示遇到错误后撤回之前的操作，MySQL 中暂时还不支持这种处理方式。

注意：通常情况下，执行过程中遇到错误应该立刻停止执行下面的语句，并且撤回前面的操作。但是，MySQL 中现在还不能支持 UNDO 操作。因此，遇到错误时最好执行 EXIT 操作。如果事先能够预测错误类型，并且进行相应的处理，那么可以执行 CONTINUE 操作。

◇ condition_value 参数指明错误类型，该参数有 6 个取值。sqlstate_value 和 mysql_error_code 与条件定义中的是同一个意思。condition_name 是 DECLARE 定义的条件名称。SQLWARNING 表示所有以 01 开头的 sqlstate_value 值。NOT FOUND 表示所有以 02 开头的 sqlstate_value 值。SQLEXCEPTION 表示所有没有被 SQLWARNING 或 NOT FOUND 捕获的 sqlstate_value 值。sp_statement 表示一些存储过程或函数的执行语句。

例 7-2　下面举例说明定义处理程序的几种方式。

（1）捕获 sqlstate_value 值。如果遇到 sqlstate_value 的值为 42S02，执行 continue 的操作，且输出 "can not find" 信息。

```
Declare continue handler for SQLSTATE '42S02'
Set @info = 'can not find';
```

（2）捕获 mysql_error_code 值。如果遇到 mysql_error_code 值为 1146，执行 continue 操作，且输出 "can not find" 信息。

```
Declare continue handler for 1146
Set @info = 'can not find';
```

（3）先定义条件，然后调用。先定义 can_not_find 条件，遇到 1146 的错误就执行 continue 操作。

```
Declare can_not_find condition for 1146;
Declare continue handler for can_not_sfind
Set @info = 'can not find';
```

（4）使用 SQLWARNING。SQLWARNING 捕获所有以 01 开头的 sqlstate_value 值，然后执行 exit 操作，并输出 "error" 信息。

```
Declare exit handler for sqlwarning set @info = 'can not find';
```

（5）使用 NOT FOUND。NOT FOUND 捕获所有以 02 开头的 sqlstate_value 值，然后执行 exit 操作，且输出 "can not find" 信息。

```
Declare exit handler for not found set @info = 'can not find';
```

（6）使用 SQLEXCEPTION。SQLEXCEPTION 捕获所有没有被 SQLWARNING 或 NOT FOUND 捕获的 sqlstate_value 值，然后执行 exit 操作，且输出 "error" 信息。

```
Declare exit handler for sqlexception set @info = 'can not find';
```

7.3　存储过程

SQL 语句在执行的时候需要先编译再执行，存储过程（Stored Procedure）是一组为了完成特定功能的 SQL 语句集，经编译后存储在数据库中，客户端通过指定存储过程的名字和参数（如果该存储过程需要参数）来调用执行。

7.3.1 创建存储过程

创建存储过程，需要使用 CREATE PROCEDURE 语句，基本语法格式如下：

```
CREATE PROCEDURE sp_name ([proc_parameter])
    [characteristics …] routine_body
```

其中，proc_parameter 为存储过程参数列表，列表形式如下：

```
[IN | OUT |INOUT] PARAM_NAME TYPE
```

说明

✧ CREATE PROCEDURE 为用来创建存储过程的关键字。

✧ sp_name 为存储过程的名称。

✧ 在存储过程参数列表中，IN 表示输入参数；OUT 表示输出参数；INOUT 表示既可以输入也可以输出参数，param_name 表示参数名称；type 表示参数类型，该类型可以是 MySQL 数据库中的任意类型。

✧ characteristics 执行存储过程的特性，可以取值如下。

➤ languageSQL：说明 routine_body 部分由 SQL 语言的语句组成，这也是数据库系统默认的语言。

➤ [not]deterministic：指明存储过程的执行结果是否是确定的。deterministic 表示结果是确定的。每次执行存储过程时，相同的输入会得到相同的输出。not deterministic 表示结果是非确定的，相同的输入可能得到不同的输出；默认情况下，结果是非确定的。

➤ {containsSQL|no SQL|reads SQL data|modifies SQL data}：指明子程序使用 SQL 语句的限制。containsSQL 表示子程序包含 SQL 语句，但不包含读或写数据的语句；modifies SQL data 表示子程序中包含写数据的语句。默认情况下，系统会指定为 contains SQL。

➤ SQL security{definer|invoker}：指明谁有权限来执行。definer 表示只有定义者自己才能够执行；invoker 表示调用者可以执行。默认情况下，系统执行的权限是 definer。

➤ comment 'string'：注释信息。

✧ 创建存储过程时，系统默认指定 contains SQL，表示存储过程中使用了 SQL 语句。但是如果存储过程中没有使用 SQL 语句，最好设置为 no SQL。而且，存储过程中最好在 comment 部分对存储过程进行简单的注释。

例 7-3 图 7-2 所示演示了不带参数的存储过程创建。创建了存储过程 Communication，作用是返回商品型号为 "01" 的所有商品信息。

```
mysql> delimiter //
mysql> create procedure Communication()
    -> begin
    -> select * from goods where 商品类型号='01';
    -> end
    -> //
Query OK, 0 rows affected (0.25 sec)

mysql> delimiter ;
```

图 7-2 存储过程创建

注意

➢ delimiter 的作用：MySQL 中默认的语句结束符号为分号 ";"。存储过程中 SQL 语句需要以分号作为结尾，为了避免冲突，可以使用 "delimiter //" 将结束符设置为 "//"。也可以设置成其他符号，如 "delimiter $$" 等。

➢ 如果将结束符号恢复成 ";"，则依然使用 "delimiter ;" 就可以了。

➢ BEGIN…END…语句用来限定存储过程体。

➢ 存储过程 Communication 尽管没有参数，但是后面的括号仍然需要。

例 7-4 图 7-3 所示演示了不带参数的存储过程创建。创建了存储过程 Type_average，作用是获取商品型号为 "01" 的所有商品的平均价格。

图 7-3 不带参数的存储过程创建

7.3.2 调用存储过程

使用 CALL 调用存储过程的语法格式如下：

```
CALL sp_name([parameter[,...]])
```

说明

◇ sp_name 是存储过程的名称。

◇ parameter 为调用该存储过程的参数，这条语句中的参数个数必须等于存储过程定义的参数个数。

例 7-5 下面举个例子来调用上一小节的存储过程 Communication，如图 7-4 所示。

图 7-4 调用存储过程

例 7-6 下面举个例子来调用上一小节的带参数的存储过程 Type_average，如图 7-5 所示。

图 7-5 调用带参数的存储过程

7.3.3 查看存储过程

查看系统中所有的存储过程：

```
SHOW PROCEDURE STATUS;
```

查看某个存储过程的详细信息：

```
SHOW CREATE PROCEDURE sp_name;
```

说明

✧ sp_name 是存储过程的名称。

✧ 查看存储过程详细信息的时候需要先选中该数据库。

例 7-7 查看存储过程，如图 7-6 所示。

```
mysql> show procedure status\G
*************************** 1. row ***************************
                  Db: book
                Name: Communication
                Type: PROCEDURE
             Definer: root@localhost
            Modified: 2016-09-20 08:34:47
             Created: 2016-09-20 08:34:47
       Security_type: DEFINER
             Comment:
character_set_client: gbk
collation_connection: gbk_chinese_ci
  Database Collation: gbk_chinese_ci
*************************** 2. row ***************************
                  Db: book
                Name: Type_average
                Type: PROCEDURE
             Definer: root@localhost
            Modified: 2016-09-20 08:48:09
             Created: 2016-09-20 08:48:09
       Security_type: DEFINER
             Comment:
character_set_client: gbk
collation_connection: gbk_chinese_ci
  Database Collation: gbk_chinese_ci
2 rows in set (0.02 sec)
```

```
mysql> use book
Database changed
mysql> show create procedure Type_average\G
*************************** 1. row ***************************
           Procedure: Type_average
            sql_mode: STRICT_TRANS_TABLES,NO_AUTO_CREATE_USER,NO_ENGINE_SUBSTITU
TION
    Create Procedure: CREATE DEFINER=`root`@`localhost` PROCEDURE `Type_average`
(in type char(2),out aver int)
begin
select avg(价格) into aver from goods where 商品类型号=type;
end
character_set_client: gbk
collation_connection: gbk_chinese_ci
  Database Collation: gbk_chinese_ci
1 row in set (0.01 sec)
```

图 7-6 查看存储过程

7.3.4 流程的控制

MySQL 中可以使用 if 语句、case 语句、loop 语句、leave 语句、iterate 语句、repeat 语句和 while 语句来进行流程控制。

1. begin…end 语句

begin…end 复合语句用来包含多个语句。其基本语法格式如下：

```
[begin_label]:BEGIN
 [statement_list]
end [end_label]
```

说明

✧ statement_list 代表一个或多个语句的列表。statement_list 之内每个语句都必须用分号（;）来结尾。

✧ begin…label 和 end_label 要成对出现，用来标注复合语句。

2. if 语句

if 语句用来进行流程判断，其语法的基本形式如下：

```
IF search_condition THEN statement_list
 [ELSEIF search_condition THEN statement_list]
...
 [ELSEIF search_condition THEN statement_list]
END IF
```

说明

✧ search_condition 参数表条件判断语句。

✧ statement_list 参数表示不同条件的执行语句。

例 7-8　下面展示的是选课系统 choose 中的选课表 choose，现在创建一个存储过程，输入学号和课程编号，打印出其对应的分数和成绩等级，如图 7-7 所示。

```
mysql> delimiter //
mysql> create procedure Grade(in stu_no char(11),in co_no int)
    -> begin
    -> set @student_grade=0;
    -> select score into @student_grade from choose
    ->          where student_no=stu_no and course_no=co_no;
    -> if @student_grade>=90 then
    ->          select @student_grade as 分数,'A' as 成绩等级;
    -> elseif @student_grade>=80 then
    ->          select student_grade as 分数,'B' as 成绩等级;
    -> elseif @student_grade>=70 then
    ->          select @student_grade as 分数,'C' as 成绩等级;
    -> elseif @student_grade>=60 then
    ->          select @student_grade as 分数,'D' as 成绩等级;
    -> else
    ->          select @student_grade as 分数,'不及格' as 成绩等级;
    -> end if;
    -> end
    -> //
Query OK, 0 rows affected (0.01 sec)

mysql> delimiter ;
mysql> call grade('2015001',1);
+------+----------+
| 分数 | 成绩等级 |
+------+----------+
|  66  | D        |
+------+----------+
```

图 7-7　创建存储过程

3. case 语句

case 语句也是进行条件判断的语句，其语法的基本格式如下：

```
CASE case_value
  WHEN when_value THEN statement_list
  [WHEN when_value THEN statement_list]
  ...
  [ELSE statement_list]
END CASE
```

说明

◇ case_value 参数表示条件判断的比较值。

◇ when_value 参数表示变量的取值。

◇ statement_list 参数表示不同条件的执行语句。

例 7-9 如例 7-8 一样,使用 case 语句实现成绩等级的确定,如图 7-8 所示。

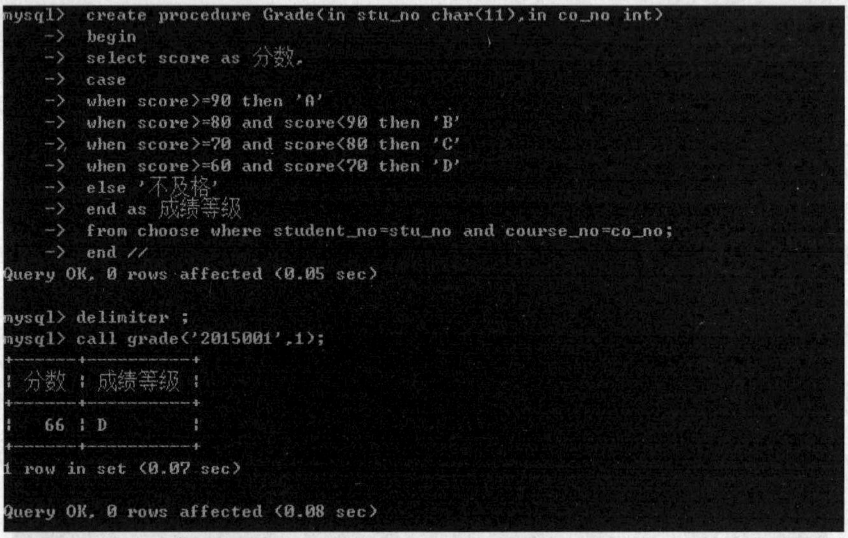

图 7-8 用 case 语句实现成绩等级的确定

4. loop 语句

loop 语句可以使用某些特定的语句充分执行,实现简单的循环。loop 通常需要结合 leave 语句来退出循环或者 iterate 语句继续迭代。其基本语法格式如下:

```
[begin_label]:LOOP
  Statement_list
END LOOP [end_label]
```

说明

◇ begin_label 和 end_label 是循环开始和结束的标志,可以省略。

◇ statement_list 参数表示不同条件的执行语句。

5. leave 语句

leave 语句主要用于跳出循环。其基本语法格式如下:

```
LEAVE label
```

例 7-10 实现循环 5 次后退出的功能,如图 7-9 所示。

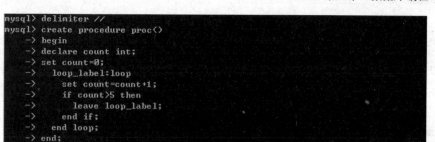

```
mysql> delimiter //
mysql> create procedure proc()
    -> begin
    -> declare count int;
    -> set count=0;
    ->   loop_label:loop
    ->     set count=count+1;
    ->     if count>5 then
    ->       leave loop_label;
    ->     end if;
    ->   end loop;
    -> end;
    -> //
Query OK, 0 rows affected (0.00 sec)
```

图 7-9　循环 5 次后退出

6. iterate 语句

iterate 语句是跳出本次循环，进入下一轮循环。其基本语法格式如下：

```
ITERATE label
```

例 7-11　创建一个存储过程，即 1+2+...+100 的和，如图 7-10 所示。

```
mysql> delimiter //
mysql> create procedure proc()
    -> begin
    ->   set @count=1;
    ->   set @sum=0;
    ->   loop_label:loop
    ->     set @sum=@sum+@count;
    ->     set @count=@count+1;
    ->     if @count>100 then
    ->       select @sum;
    ->       leave loop_label;
    ->     else
    ->       iterate loop_label;
    ->     end if;
    ->   end loop;
    -> end//
Query OK, 0 rows affected (0.00 sec)

mysql> delimiter ;
mysql> call proc();
+--------+
| @sum |
+--------+
| 5050 |
+--------+
```

图 7-10　创建存储过程

7. repeat 语句

repeat 语句的作用是使其内的语句被重复。其基本语法格式如下：

```
[begin_label:]REPEAT
    statement_list
UNTILL search_condition
END REPEAT [end_label]
```

说明

◇ search_condition：是条件判断语句，循环直至其为真才结束。

◇ statement_list：表示不同条件的执行语句。

8. while 语句

while 语句也是有条件控制的循环语句。当满足条件时，执行循环内的语句。其基本语法格式如下：

```
[begin_label:]WHILE search_condition DO
  statement_list
END WHILE [end_label]
```

说明

◇ search_condition：是条件判断语句，满足该条件时执行循环。

◇ statement_list：表示不同条件的执行语句。

7.4 函　数

函数在 MySQL 服务器中存储和执行，以完成某个功能来减少客户端和服务器端的传输。函数可以分为自定义函数和系统函数。

7.4.1 创建自定义函数

创建自定义函数，需要使用 CREATE FUNCTION 语句，其基本语法格式如下：

```
CREATE FUNCTION sp_name([func_parameter[,...]])
RETURNS type
[characteristics...] routine_body
```

其中，**func_parameter** 为函数的参数列表，可以由多个参数组成，其中每个参数由参数名称和参数类型组成，列表形式如下：

```
Param_name type
```

说明

◇ sp_name 是函数的名称。

◇ returns type 是设定函数返回值的类型。

◇ 参数列表中的 param_name 是函数的参数名，type 是参数的类型。

◇ characteristics 执行存储过程的特性，可以取值如下。

➤ languageSQL：说明 routine_body 部分由 SQL 语言的语句组成，这也是数据库系统默认的语言。

➤ [not] deterministic：指明存储过程的执行结果是否是确定的。deterministic 表示结果是确定的。每次执行存储过程时，相同的输入会得到相同的输出。not deterministic 表示结果是非确定的，相同的输入可能得到不同的输出；默认情况下，结果是非确定的。

➤ {contains SQL|no SQL|reads SQL data|modifies SQL data}：指明子程序使用 SQL 语句的限制。contains SQL 表示子程序包含 SQL 语句，但不包含读或写数据的语句；modifies SQL data 表示子程序中包含写数据的语句。默认情况下，系统会指定为 contains SQL。

➤ SQL security{definer|invoker}：指明谁有权限来执行。definer 表示只有定义者自己才能够执行；invoker 表示调用者可以执行。默认情况下，系统执行的权限是 definer。

➤ comment 'string'：注释信息。

◇ routine_body 参数是 SQL 代码的内容，可以用 begin…end 来标志 SQL 代码的开始和结束。

例 7-12　创建一个函数 numofgoods( )来返回商品的总数，如图 7-11 所示。

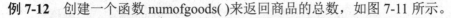

```
mysql> delimiter //
mysql> create function numofgoods()
    -> returns int
    -> begin
    -> return(select count(商品号) from goods);
    -> end
    -> //
Query OK, 0 rows affected (0.16 sec)
```

图 7-11　创建函数来返回商品的总数

7.4.2　调用函数

调用自定义函数和调用系统函数一样，可以直接调用。

例 7-13　调用自定义 numofgoods( )函数，如图 7-12 所示。

```
mysql> delimiter ;
mysql> select numofgoods();
+-------------+
| numofgoods() |
+-------------+
|           8 |
+-------------+
1 row in set (0.02 sec)
```

图 7-12　调用 numofgoods( )函数

注意

Return 子句中包含 select 语句时，select 语句的返回结果只能是一行且只有一列值。

7.4.3　系统函数

MySQL 中常用的系统函数可参见表 7-1～表 7-5。通过这些系统函数，用户的操作可以得到简化。

1. 字符串函数（见表 7-1）

表 7-1　MySQL 常用字符串函数

函数	函 数 说 明
Ascii(x)	返回字符 x 的 ASCII 码
Bit_length(s)	返回字符串 s 的比特长度
Concat(s1,s2,…,sn)	将 s1，s2，…，sn 连接成字符串并返回
Concat_ws(sep,s1,s2,…sn)	将 s1，s2，…，sn 连接成字符串用 sep 字符间隔
Insert(s,x,y,instr)	将字符串 s 从 x 位置开始，y 个字符长的子串替换为字符串 instr
Find_in_set(s,list)	分析以逗号分隔的 list 列表，如果发现 s，则返回 s 在 list 列表中的位置
Lcase(s)或 lower(s)	将字符串 s 所有字符改变为小写
Left(s,x)	返回字符串 s 最左边的字符
Right(s,x)	返回字符串 s 最右边的字符
Substring(s,d,c)	在定界符 d 以及 c 出现前，从字符串 s 返回字符串。若 c 为正值，则返回最终定界符（从左边开始）左边的一切内容。若 c 为负值，则返回定界符（从右边开始）右边的一切内容

函数	函 数 说 明
Length(s)	返回字符串 s 的长度，即 s 的字符数
Itrim(s)	返回字符串 s 中切掉开头的空格
Position(subs,s)	返回字串 subs 在字符串 s 中第一次出现的位置
Quote(s)	用反斜杠转义字符串 s 中的单引号

2. 数学函数（见表 7-2）

表 7-2　MySQL 常用数学函数

函数	函 数 说 明
Abs(x)	返回 x 的绝对值
Sqrt(x)	返回 x 的平方根，x 必须是非负数
Pi( )	返回圆周率
Pow(x,y)	返回 x 的 y 次幂
Mod(x,y)	返回 x 被 y 除的余数，即取模运算，同 x%y
Floor(x)	返回不大于 x 的最大整数
Ceiling(x)	返回不小于 x 的最小整数
Sign(x)	返回 x 的符号（结果为–1、0 或 1）
Round(x,y)	返回 x 的四舍五入保留 y 位小数后的值（y 默认为 0）
Exp(x)	返回 e 的 x 次方
Log(x)	返回 x 的自然对数
Log10(x)	返回 n 以 10 为底的自然对数
Sin(x)	返回 x 的正弦值
Cos(x)	返回 x 的余弦值
Tan(x)	返回 x 的正切值
Cot(x)	返回 x 的余切值
Asin(x)	返回 x 的反正弦值（x 的范围为–1~1，若不在此范围，则返回 NULL）
Acos(x)	返回 x 的反余弦值（x 的范围为–1~1，若不在此范围，则返回 NULL）
Atan(x)	返回 x 的反正切
Atan(x,y)或 Atan2(x,y)	返回 x、y 两个变量的反正切值（返回 x/y 的反正切值）
Rand( )或 rand(x)	返回在 0~1 内随机浮点值（x 可以作为初始值）
Degrees(x)	返回将弧度 x 变换成角度的值
Radius(x)	返回将角度 x 变换成幅度的值
Truncate(x,y)	返回保留 x 的 y 位小数后的值
Least(x,y,…)	返回最小值
Greatest(x,y,…)	返回最大值

3. 日期时间函数（见表 7-3）

表 7-3　MySQL 常用日期时间函数

函数	函数说明
Now( )	返回当前日期和时间
Curdate( )或 current_date( )	返回当前日期
Curtime( )或 current_time	返回当前时间
Hour(t)	返回时间 t 的小时值（0～23）
Minute(t)	返回时间 t 的分钟值（0～59）
Second(t)	返回时间 t 的秒值（0～59）
Year(d)	返回日期 d 的年份（1000～9999）
Quarter(d)	返回日期 d 在一年中的季度值（1～4）
Week(d)	返回日期 d 在一年中的第几周值（0～52）
Dayofmonth(d)	返回日期 d 在一个月中的第几天值（1～31）
Dayofyear(d)	返回日期 d 在一年中的第几天值（1～366）
Dayofweek(d)	返回日期 d 在一周中的第几天值（1～7）
Dayname(d)	返回日期 d 的星期名（Monday，Tuesday，…）
Date_add(d,itv expr type)	返回向日期 d 添加指定时间间隔 itv 后的日期
Date_format(d,fmt)	使用不同格式 fmt 显示时间

4. 系统信息函数（见表 7-4）

表 7-4　MySQL 常用系统信息函数

函数	函数说明
Database( )	返回当前数据库名
Benchmark(count,expr)	返回重复 count 次表达式 expr 的运算结果
Connection_id( )	返回当前客户连接 id
Fount_rows( )	返回最后一个 select 查询进行检索的总行数
User( )或 system_user( )	返回当前登录的用户名
Version( )	返回服务器 MySQL 的版本

5. 加密函数（见表 7-5）

表 7-5　MySQL 常用加密函数

函数	函数说明
Aes_encrypt(s,key)	返回用密钥 key 对字符串 s 利用高级加密标准算法加密后的结果，以 Blob 二进制类型存储
Aes_decrypt(s,key)	返回用密钥 key 对字符串 s 利用高级加密标准算法解密后的结果
Decode(s,key)	使用 key 作为密钥解密加密字符串 s

函数	函 数 说 明
Encrypt(s,salt)	使用 unixcrypt( )函数，用关键词 salt 加密字符 s
Encode(s,key)	使用 key 作为密钥解密加密字符串 s
Md5(s)	计算字符串 s 的 md5 校验和
Password(s)	从原文密码 s 计算并返回密码字符串，当参数为 NULL 时返回 NULL
Sha(s)	计算字符串 s 的安全散列算法（sha）校验和

7.4.4 存储过程与函数的区别

存储过程和函数都是在数据库中定义一些 SQL 语句集合，避免开发人员重复地编写相同的 SQL 语句，但是它们存在以下区别。

（1）一般情况下，存储过程实现的功能比函数复杂一些。存储过程功能强大，函数的功能则针对性较强；自定义函数不能用于执行一族修改全局数据库状态的操作。

（2）MySQL 存储过程可以返回记录集，而函数只能返回值或者表对象。函数只能返回一个变量，存储过程可以返回多个变量；存储过程参数有 in、out、inout 等 3 种类型，而函数参数类型只能是输入参数（in）；存储过程和函数声明的时候，函数必须描述出返回类型。

（3）存储过程可以使用非确定函数，而函数主体不允许使用非确定函数。

（4）存储过程一般作为一个独立的部分来执行，而函数可以作为查询语句的一个部分来调用（可以用 select 调用）；函数可以返回一个表对象，因此函数可以在查询语句中位于 from 关键字后面。

7.5 游 标

InnoDB 是 MySQL 的默认存储引擎，它具有支持事务、RDBMS 等特性。MySQL 编程离不开游标。游标（Cursor）就是一个可读的标识，用来标识数据取到什么地方了。

在数据库中，游标是一个十分重要的概念。游标提供了一种对从表中检索出的数据进行操作的灵活手段，就本质而言，游标实际上是一种能从包括多条数据记录的结果集中每次提取一条记录的机制。游标必须在声明处理程序之前被声明，并且变量和条件必须在声明游标或处理程序之前被声明。

1. 声明游标

声明游标的格式如下：

```
DECLARE cursor_name CURSOR FOR select_statement
```

说明

❖ cursor_name 是游标的名称，游标名和表名遵循同样的命名规则。

❖ select_statement 是一条 select 语句，返回一行或多行数据，这里的 select 语句不能有 into 子句。

❖ 可以在存储过程中定义多个游标，但是一个块中的每一个游标必须有唯一的名字。

2. 打开游标

声明游标后，要使用游标的时候，必须先打开游标：

```
OPEN cursor_name
```

3. 读取数据

游标打开后，就可以使用 fetch…into 语句读取数据：

```
FETCH cursor_name INTO var_name [,var_name]...
```

说明

◇ cursor_name 是游标的名称，游标名和表名遵循同样的命名规则。

◇ var_name 是存放数据的变量名，在声明游标或处理程序之前声明。

◇ fetch 语句是将游标指向的一行数据赋给一些变量，子句中变量的数目必须等于声明游标时 select 子句中列的数目。

4. 关闭游标

游标使用完以后，要及时关闭游标：

```
CLOSE cursor_name
```

7.6 触 发 器

触发器（Trigger）是一种特殊的存储过程。然而触发器的执行不是由程序调用，也不是手动启动，而是由事件触发。也就是在插入、删除或修改特定表中的数据时触发。触发器常用于加强数据的完整性约束和业务规则等。触发器具有以下作用。

（1）安全性。

触发器可以基于数据库的值使用户具有操作数据库的某种权利。

① 可以基于时间限制用户的操作，如不允许下班后和节假日修改数据库数据。

② 可以基于数据库中的数据限制用户的操作，如不允许股票的价格升幅一次超过 10%。

（2）审计。

可以跟踪用户对数据库的操作。例如：

① 审计用户操作数据库的语句。

② 把用户对数据库的更新写入审计表。

（3）实现复杂的数据完整性规则。

① 实现非标准的数据完整性检查和约束。触发器可产生比规则更为复杂的限制。

② 提供可变的默认值。

（4）实现复杂的非标准的数据库相关完整性规则。

触发器可以对数据库中相关的表进行连环更新。

① 在修改或删除时级联修改或删除其他表中与之匹配的行。

② 在修改或删除时把其他表中与之匹配的行设成 NULL 值。

③ 在修改或删除时把其他表中与之匹配的行级联设成默认值。

（5）同步实时地复制表中的数据。

（6）自动计算数据值，如果数据值达到了一定的要求则进行特定的处理。

7.6.1 创建触发器

触发程序是与表有关的数据库对象，当表上出现特定事件时激活该对象。其基本语法格式如下：

```
CREATE TRIGGER trigger_name trigger_time trigger_event
  ON tbl_name FOR EACH ROW trigger_stmt
```

说明

✧ 触发程序与命名为 tbl_name 的表相关。tbl_name 必须引用永久性表。不能将触发程序与 TEMPORARY 表或视图关联起来。

✧ trigger_time 参数表示触发程序动作的时间。它可以使用 before 或 after，用来指明触发程序是在激活的语句之前还是之后。

✧ trigger_event 参数指明了激活触发程序的语句类型。其值可选择以下几个。

➢ Insert：将新行插入表时激活触发程序，如 insert、load data 和 replace 语句。

➢ Update：更改某一行时激活触发程序，如 update 语句。

➢ Delete：删除表中某一行时激活触发程序，如 delete 和 replace。

✧ trigger_stmt 是当触发程序激活时执行的语句，如果有多个执行语句，可以使用 begin…end 控制结构。

例 7-14 创建一个触发器，在插入信息后执行，如图 7-13 所示。

```
mysql> set @count=0;
Query OK, 0 rows affected (0.00 sec)

mysql> create trigger t1 after insert
    ->   on customer for each row set @count=@count+1;
Query OK, 0 rows affected (0.05 sec)

mysql> insert into customer values('C001','刘晓明','男','2000-12-01',null);
Query OK, 1 row affected (0.08 sec)

mysql> select @count;
+--------+
| @count |
+--------+
|      1 |
+--------+
```

图 7-13 创建触发器

注意

➢ Trigger_event 与以表操作方式激活的触发程序的 SQL 语句不相同。例如，关于 insert 的 before 触发程序不仅能被 insert 语句激活，也能被 load data 语句激活。

➢ 对于具有相同触发程序动作时间和事件的给定表，不能有两个触发程序。例如，对于同一表，不能有两个 before update 触发程序，但是可以有一个 before update 和一个 before insert 触发程序；也可以有一个 before update 和 after update 触发程序。

7.6.2 使用触发器

触发器尽管是一种特殊的存储过程，但是触发程序不能调用将数据返回客户端的存储程序，不能采用使用 CALL 语句的动态 SQL（允许存储程序通过参数将数据返回）。触发程序还不能使用以显式或隐式方式开始或结束事务的语句，如 START TRANACTION、COMMIT

或 ROLLBACK。

MySQL 支持 OLD 和 NEW 关键字。使用 OLD 和 NEW 关键字能够访问触发程序激活后被触发程序影响的行和列。用 OLD.column_name 访问被影响行的 column_name 列的旧值，用 NEW.column_name 访问被影响行的 column_name 列的新值。

（1）UPDATE 触发器：可以访问 OLD.column_name 和 NEW.column_name。

（2）INSERT 触发器：仅可以访问 NEW.column_name。

（3）DELETE 触发器：仅可以访问 OLD.column_name。

注意

➢ 用 OLD 命名的列是只读的，可以被引用但不能被修改。

➢ 用 NEW 命名的列，都具有 SELECT 权限，可以被引用。

➢ 在 BEFORE 触发程序中，如果具有 UPDATE 权限，可以更改 NEW 命名的列，“SET NEW.column = value”，即插入到新行中的值可以使用触发器来更改。

例 7-15 创建一个 UPDATE 触发器，用于检查一个商品表（good）中“discount”（折扣）这一列，检查更新每一行时折扣大于 0.7 可以更新，小于 0.7 时回退，如图 7-14 所示。

```
mysql> delimiter //
mysql> create trigger test
    -> before update on good
    -> for each row
    -> begin
    ->   if new.discount<0.7 or new.discount>1 then
    ->     set new.discount=old.discount;
    ->   end if;
    -> end;//
Query OK, 0 rows affected (0.07 sec)

mysql> delimiter ;
```

图 7-14 用触发器检查商品表

7.6.3 查看触发器

查看所有触发器信息，包括状态、语法等，可使用下列语句：

```
SHOW TRIGGERS;
```

若需要查看某个触发器可以使用下列语句：

```
SHOW CREATE TRIGGERS [schema_name.]trigger_name;
```

或

```
SELECT * FROM INFORMATION_SCHEMA TRIGGERS
     WHERE TRIGGER_NAME='trigger_name';
```

7.6.4 删除触发器

MySQL 中触发器的删除语句基本格式如下：

```
DROP TRIGGER [schema_name.]trigger_name
```

7.7 事 件

数据库管理过程中，经常需要周期性或在某个时间点按照计划任务来执行工作，执行一个或多个 SQL 语句。MySQL 5.1 版本以后推出了事件调度器（Event scheduler），能够实现定期执行指定命令的功能，并且能精确到秒。事件调度器是基于特定时间周期触发来执行某些任务，而上一节学习的触发器是基于某个表所产生的事件触发的，所以事件调度器也可以称为临时触发器。

7.7.1 开启事件调度器

在使用事件调度器功能之前，需要先开启 event_scheduler。

（1）查看 event_scheduler 是否开启：

```
SHOW VARIABLES LIKE 'event_scheduler';
```

或直接查看系统变量@@event_scheduler：

```
SELECT @@event_scheduler;
```

若@@event_scheduler 的值为"OFF"，则说明事件调度器功能未开启。

（2）开启事件调度器可以将@@event_scheduler 的值改为"ON"：

```
SET GLOBAL event_scheduler = 1;
```

或

```
SET GLOBAL @@event_scheduler = on;
```

或者在配置文件中添加"event_scheduler=on"。

7.7.2 创建事件

创建事件的基本语法格式如下：

```
CREATE [DEFINER = {user | CURRENT_USER}] EVENT event_name
ON SCHEDULES schedule
[ON COMPLETIM [NOT] PRESERVE]
[enable | disable | disable on slave]
[COMMENT 'comment']
DO event_body;
```

其中，schedule 格式如下：

```
 AT TIMESTMAP [+ INTERVAL interval] ...
 | EVERY interval
 [STARTS timestamp [+ INTERVAL interval]...]
 [ENDS timestamp [+ INTERVAL interval]...]
```

其中，interval（时间间隔）可选择：

```
quantity {YEAR | QUARTER | MONTH |DAY |HOUR |MINUTE |
         WEEK |SECOND |YEAR_MONTH |DAY_HOUR| DAY_MINUTE |
         DAY_SECOND | HOUR_MINUTE | HOUR_SECOND |
         MINUTE_SECOND}
```

说明

◇ DEFINER：定义了执行时检查权限的用户。

◇ SCHEDULE：定义了执行时间和时间间隔。

◇ ON COMPLETION [NOT] PRESERVE：定义事件是一次执行还是永久执行，默认为一次执行，也就是 not preserve。

◇ enable | disable | disable on slave：定义事件创建以后是开启还是关闭。如果是从服务器自动同步主服务上创建事件语句，会自动加上 disable on slave。

◇ COMMENT 'commet'：定义事件的注释。

例 7-16　创建一个立即启动事件，如图 7-15 所示。

```
mysql> create event Event1
    -> on schedule at now()
    -> do insert into customer values('C001','刘晓明','男','2000-12-01',null);
Query OK, 0 rows affected (0.00 sec)

mysql> select * from customer;
+-------------+---------------+-----+------------+---------+
| customer_no | customer_name | sex | birth      | address |
+-------------+---------------+-----+------------+---------+
| C001        | 刘晓明        | 男  | 2000-12-01 | NULL    |
```

图 7-15　创建立即启动事件

例 7-17　创建一个每隔 30 s 清空表的事件，如图 7-16 所示。

```
mysql> create event Event2
    -> on schedule every 30 second
    -> on completion preserve
    -> do delete from customer;
Query OK, 0 rows affected (0.00 sec)
```

图 7-16　创建每隔 30 s 清空表事件

例 7-18　创建一个每隔 10 分钟后清空表的事件，如图 7-17 所示。

```
mysql> create event Event3
    -> on schedule
    -> at current_timestamp + interval 1 minute
    -> do truncate customer;
Query OK, 0 rows affected (0.00 sec)
```

图 7-17　创建每隔 10 min 清空表事件

例 7-19　创建一个在 "2018-01-01 00:00:00" 清空表的事件，如图 7-18 所示。

```
mysql> create event Event4
    -> on schedule
    -> at timestamp '2018-01-01 00:00:00'
    -> do truncate customer;
Query OK, 0 rows affected (0.00 sec)
```

图 7-18　创建在 "2018-01-01　00:00:00" 清空表事件

7.7.3　删除事件

删除事件的基本语法格式如下：

```
DROP EVENT [IF EXISTS] event_name
```

7.8 本章小结

本章介绍了数据库编程 T-SQL 语言，包括变量、条件和处理程序的定义及使用，存储过程和自定义函数的创建、查看、调用和删除，系统函数和自定义函数的区别，特殊的存储过程——触发器的创建、使用、查看和删除，以及事件调度器的使用等。通过本章的学习，可以掌握数据库编程的基本技能，通过练习熟悉各种操作。

案 例 实 现

一个数据库 Login 中包括表 user 和表 login_times，表的结构如表 7-6 和表 7-7 所列。

表 7-6 表 user 的结构

字 段 名	描 述	数据类型
ID	编号	Int
Name	用户名	Varchar
Password	密码	Varchar

表 7-7 login_times 的结构

字 段 名	描 述	数据类型
Name	用户名	Varchar
Count_times	尝试连接的次数	Int

创建表结构：

```
mysql> create table user(
    ->  ID int primary key auto_increment,
    ->  Name varchar(20) not null,
    ->  Password varchar(50) not null
    -> );
Query OK, 0 rows affected (0.09 sec)

mysql> create table login_times
    -> (
    -> name varchar(20) primary key,
    -> count_times int
    -> );
Query OK, 0 rows affected (1.15 sec)
```

创建一个触发器 trigger_count，对表 user 进行 insert 操作之后，触发器实现对表 login_times 的 insert：

```
mysql> create trigger trigger_count after insert on user
    -> for each row insert into login_times values(new.name,0);
Query OK, 0 rows affected (0.01 sec)
```

向表 user 中插入一个用户 Mary 及加密后的密码后，查看表 user 和 login_times：

```
mysql> insert into user values(null,'Mary',password('Mary'));
Query OK, 1 row affected (0.00 sec)

mysql> select * from user;
+----+------+-------------------------------------------+
| ID | Name | Password                                  |
+----+------+-------------------------------------------+
|  1 | Mary | *12EE8CEFE6DA3642B9DF55C4A99A4813E076463E |
+----+------+-------------------------------------------+
1 row in set (0.01 sec)

mysql> select * from login_times;
+------+-------------+
| name | count_times |
+------+-------------+
| Mary |           0 |
+------+-------------+
1 row in set (0.00 sec)
```

创建一个存储过程 pro_login，输入一个用户名和密码，增加对应表 login_times 中尝试连接次数 count_times，并返回结果集记录的条数。

```
mysql> delimiter //
mysql> create procedure pro_login(in admin varchar(20),in pass varchar(50),out result int)
    -> begin
    ->  select count(*) into result from user where name=admin and password=pass;
    ->  update login_times set count_times=count_times+1 where name=admin;
    -> end//
Query OK, 0 rows affected (0.00 sec)
```

调用存储过程 pro_login，查看返回值和 login_times 表：

```
mysql> delimiter ;
mysql> call pro_login('Mary',password('Mary'),@result);
Query OK, 1 row affected (0.01 sec)

mysql> select @result;
+---------+
```

```
| @result |
+---------+
|       1 |
+---------+
1 row in set (0.00 sec)
mysql> select * from login_times;
+------+-------------+
| name | count_times |
+------+-------------+
| Mary |           1 |
+------+-------------+
1 row in set (0.00 sec)
```

习　题

某数据库中存在表 department（部门）和 staff（员工），已知有以下字段，数据类型和约束自行设计，Dept_id 和 ID 为自增型。

表 7-8　department 表结构

字　段　名	描　　述
Dept_id	部门编号
Name	部门名称

表 7-9　staff 表结构

字　段　名	描　　述
ID	员工号
Name	姓名
Sex	性别
Birth	生日
Dept	部门
Job_grade	岗位级别

（1）创建该数据库和表。

（2）创建存储过程或函数，实现输入任何一个部门的名称时，返回该部门员工人数。

（3）创建触发器，实现表创建一个 Update 触发器，用于检查 Job_grade 岗位级别，检查更新每一行时岗位级别比原来的岗位级别相差大于三级，则回退，小于 3 级则可以更新。

（4）插入测试数据：

department(1001,'销售部'),(null,'财务部'),(null,'研发部')。
staff(null,'Mary','女','1988-09-21',1001,3),(null,'Jack',
'男','1999-12-02',1002,3), (null,'Jo-ne','男','1978-03-03',1003,2);

（5）更新 Mary 的岗位级别为 7，然后查看 staff 表信息。

第 8 章

数据库安全机制

📖 **学习目标：**

- ➲ 了解与用户权限管理有关的授权表
- ➲ 掌握添加、删除用户以及修改用户密码的方法
- ➲ 熟悉 MySQL 权限工作原理
- ➲ 掌握为用户分配权限、取消权限和查看权限的方法
- ➲ 掌握事务及并发的概念、特点和联系
- ➲ 掌握锁的概念
- ➲ 掌握 MySQL 数据库备份和还原概念以及方法
- ➲ 熟练使用 SELECT…INTO…OUTFILE 和 LOAD DATA INFILE 语句
- ➲ 掌握 MYSQLBINLOG 自动还原
- ➲ 掌握 MYSQLDUMP 工具的使用

📖 **本章重点：**

- ➲ MySQL 的权限管理
- ➲ 数据库的备份与恢复方法

📖 **本章难点：**

- ➲ 权限的分配和收回
- ➲ 事务与锁
- ➲ 数据的备份和恢复语句
- ➲ 自动还原和 MYSQLDUMP 工具的使用

◎ 引导案例

在本门课程实验环境中，有的同学忘记了 MySQL 的 root 账户的密码，通常的做法是卸载重装，那原本数据库中的数据怎么办呢？但如果知道了这些用户名和密码存储在数据库的什么位置，如何绕过权限去修改密码，就没这么麻烦了，这涉及 MySQL 权限管理的内容。然而数据还有可能被破坏，可能会被误操作，如果想要恢复这些数据，又怎么办呢？MySQL 又是如何保证数据一致性的呢？在成绩管理系统中，学生如果有权限去修改表，把所有同学的成绩改成 100 分，成绩还有意义吗？

数据库安全包含系统运行安全和系统信息安全两个层次的含义。例如，通过网络途径入

侵计算机使系统无法正常启动，或超负荷让计算机运行大量算法，并关闭 CPU 风扇等破坏性活动属于运行安全；黑客对数据入侵，窃取想要的资料属于系统信息安全。而数据系统的安全特性主要是针对数据而言的，包括数据独立性、数据安全性、数据完整性、并发控制、故障恢复等几个方面。数据库管理系统则主要通过权限管理、事务与用户并发控制、数据库备份与还原以及日志等技术手段进行数据保护。

8.1 权 限 管 理

为保证数据库安全，DBMS 提供了完善的管理机制和操作手段。MySQL 用户分为普通用户和 root 用户类型，不同用户类型具体的权限不同。root 是超级管理员，拥有所有权限，普通用户则只有被赋予的权限。MySQL 权限管理又分为 3 个内容，即权限表、用户管理和账户权限管理。

8.1.1 权限表

MySQL 服务器通过权限表来控制对数据库的访问。MySQL 的权限表存放于 4 个默认系统数据库（information_shema、performace_shema、mysql 和 test）中的 mysql 数据库里。由 mysql_install_db 脚本初始化，数据库 mysql 中有一些存储账户权限信息的表，主要有 User、Db、Host、Tables_priv、Columns_priv 和 Procs_priv。

1. User 表

User 表记录了允许连接到服务器的账号信息，这些账号的权限是全局级别的，表 User 的基本结构的查看和其他基本表一样，可以使用 desc 命令查看。User 表的列主要分为用户列、权限列、安全列和资源控制列。

User 表的用户列包括 host、user、password，分别表示主机名、用户名和密码。其中 user 和 host 为 User 表的联合主键。

例 8-1 查询与 User 表相关的用户字段，如图 8-1 所示。

图 8-1 查询与 User 表相关的用户字段

注意

➤ 此例中有两个用户：一个是管理员 root 账户，只能本机（localhost）连接服务器；另一个是普通用户 admin，任何一个存在此网络的 IP 地址的客户端可以连接。Password 存放用户密码"加密"后对应的散列值。

➤ 当客户端与服务器连接时，IP 地址、输入的用户名和密码完全匹配，才被允许连接；否则被拒绝。

➤ 当添加、删除或修改用户时，实质是对 User 表进行操作。

User 表的权限列决定了用户的权限，描述了在全局范围内允许对数据和数据库进行的操作，包括查询和修改普通用户权限，关闭服务器权限、超级权限和加载用户等高级权限。普通权限用户操作数据库，高级权限用户管理数据库。User 表中以 priv 结尾的字段都是权限列。

例 8-2　查看 localhost 主机下的用户 select、insert 和 update 权限，如图 8-2 所示。

```
mysql> select select_priv,update_priv,insert_priv,user,host from mysql.user
    -> where host='localhost';
+-------------+-------------+-------------+------+-----------+
| select_priv | update_priv | insert_priv | user | host      |
+-------------+-------------+-------------+------+-----------+
| Y           | Y           | Y           | root | localhost |
```

图 8-2　查看权限

注意

> 权限字段的值只有 Y 或 N，分别表示有此权限和无此权限。

> 权限字段的默认值是 N，可以使用 grant 语句为用户赋予一些权限。

User 表的安全列包括 6 个字段，ssl 用于加密，如 ssl_type 和 ssl_cipher；x509 标准可以用户标识用户，如 x509_issuer 和 x509_subject；另外两个是与授权插件相关的。用户可以使用"SHOW VARIABLES LIKE 'have_openssl'"语句来查询服务器是否支持 ssl。Plugin 字段标识可以用于验证用户身份的插件，如果该字段为空，服务器使用内建授权验证机制验证用户身份。

例 8-3　查看 have_openssl 是否具有 ssl 功能。本例中该服务器不支持此功能，如图 8-3 所示。

```
mysql> show variables like 'have_openssl';
+---------------+----------+
| Variable_name | Value    |
+---------------+----------+
| have_openssl  | DISABLED |
```

图 8-3　查看 have_openssl 是否具有 ssl 功能

User 表的资源控制列用来限制用户使用的资源，包含 4 个字段：max_questions，表示用户每小时允许执行的查询操作次数；max_updates，表示用户每小时允许执行的更新操作次数；max_connections，表示用户每小时允许执行的连接操作次数；max_user_connections，表示用户允许同时建立的连接次数。

例 8-4　查看用户的资源控制，如图 8-4 所示。

```
mysql> select user,
    -> max_questions,max_updates,max_connections,max_user_connections
    -> from mysql.user;
+-------+---------------+-------------+-----------------+----------------------+
| user  | max_questions | max_updates | max_connections | max_user_connections |
+-------+---------------+-------------+-----------------+----------------------+
| root  |             0 |           0 |               0 |                    0 |
| admin |             0 |           0 |               0 |                    0 |
+-------+---------------+-------------+-----------------+----------------------+
```

图 8-4　查看用户的资源控制

注意

> 例 8-4 中，max_questions、max_updates、max_connections、max_user_connections 的值都默认为 0，即无限制。

> 1 h 内用户查询或连接数量超过资源控制限制时，用户将被锁定，直到下 1 h 才可以再次执行对应的操作。

2. Db 表和 Host 表

Db 表和 Host 表也是 mysql 数据库中非常重要的权限表。Db 表中存储了用户对某个数据库的操作权限，决定了用户能从哪个主机存取哪个数据库；Host 表中存储了某个主机对数据库的操作权限，配合 Db 表对给定主机上的数据库级操作权限做更细致的控制。Db 表比较常用，Host 表比较少用，其字段可以分为用户列和权限列。

Db 表的用户列有 host、db 和 user 等 3 个字段，分别表示主机名、数据库名和用户名。Host 表用户列有 host 和 db 两个字段，分别表示主机名和数据库名。Host 表示 Db 表的扩展，如果 Db 表中找不到 host 字段的值，则需要到 host 表中去寻找，但是 host 表很少用到。通常 Db 表的设置就可以满足权限控制的要求。Db 表和 Host 表不受 grant 和 revoke 语句的影响。

Db 表和 Host 表的权限列大致相同，表中 create_routine_priv 和 alter_routine_priv 这两个字段表明，用户是否有创建和修改存储过程的权限。

说明

✧ User 表中的权限是针对所有数据库的，Db 表中设置的是对应数据库的操作权限。用户先根据 User 表的内容获取权限，然后再根据 Db 表的内容获取权限。

✧ 如果希望用户只对某个数据库有操作权限，首先需要将 User 表中对应的权限设置为 N，然后在 Db 表中设置对应数据库的操作权限。

3. Tables_priv 表

Tables_priv 表可以用来指定表级权限，其指定的权限适用于一个表的所有列。Table_priv 有 8 个字段，即 host、db、user、table_name、grantor、timestamp、table_priv 和 column_priv。

说明

✧ host、db、user 和 table_name 这 4 个字段分别表示主机名、数据库名、用户名和表名。

✧ grantor 表示修改该记录的用户。

✧ timestamp 表示修改该记录的时间。

✧ table_priv 表示对表进行操作的权限，这些权限包括 insert、select、update、delete、create、drop、grant、references、index 和 alter。

✧ column_priv 表示对表中的列进行操作的权限，这些权限包括 select、insert、update 和 references。

4. Columns_priv 表

Columns_priv 表只有 7 个字段，其可以对表中某一列进行权限设置。这 7 个字段分别是 host、db、user、table_name、column_name、Timestamp 和 column_priv，其中 column_name 用来指定对哪些数据列具有操作权限。

5. Procs_priv 表

Procs_priv 表是可以对存储过程和存储函数设置操作权限的表。Procs_priv 表包含 8 个字段，即 host、db、user、routine_name、routine_type、grantor、proc_priv 和 timestamp 等。

说明

◇ host、db 和 user 分别表示主机名、数据库名、用户名。

◇ routine_name 表示存储过程或函数名称。

◇ routine_type 表示类型，可以使用 function 或 procedure。

◇ grantor 表示插入或修改该记录的用户。

◇ timestamp 表示记录更新的时间。

◇ proc_priv 表示拥有的权限，包括 execute、alter routine、grant 这 3 种权限。

8.1.2　用户管理

通过上一小节的介绍，MySQL 的账号信息存储在 mysql 数据库的 User 表中。可以通过查看此表获得所有用户账号的列表。在 MySQL 的日常管理中，通常需要创建一系列具有适当权限的账户，而尽可能地避免恶意用户使用 root 账户来操作控制数据库。

1. 新建普通用户

（1）执行 CREATE 语句可以添加普通用户，其基本语法格式如下：

```
CREATE USER user_specification
    [,user_specification]...
```

其中，user_specification 的格式如下：

```
User@host
[ IDENTIFIED BY [PASSWORD] 'password'
 | IDENTIFIED WITH auth_plugin [AS 'auth_string']
]
```

说明

◇ User：表示创建的用户名称。

◇ Host：允许登录的用户主机名称。

◇ IDENTIFIED BY：用来指定用户密码，PASSWORD 为用户设置的明文密码。

◇ PASSWORD：用于指定散列口令，可选参数。

◇ IDENTIFIED WITH：为用户制定一个身份验证插件，auth_plugin 是插件的名称，auth_string 是可选字符串参数，将参数传递给身份验证插件，由该插件解释该参数的意义。

例 8-5　使用 CREATE 语句新建一个用户名为 User1、主机名为 localhost、口令设置为"123456"的数据库，如图 8-5 所示。

```
mysql> create user User1@localhost identified by '123456';
Query OK, 0 rows affected (0.00 sec)
```

图 8-5　例 8-5 图

注意

➢ 使用 CREATE USER 语句的用户必须具有全局 CREATE USER 权限或 mysql 数据库的 insert 权限。

> 每添加一个用户，CREATE USER 语句会在 mysql.user 表中添加一行记录，但是新建的用户只有连接数据库的权限。

（2）使用 INSERT 语句新建普通用户。

创建用户实际上都是在 User 表中添加一条新的记录。执行完 insert 语句创建用户后，需要使用下列命令来刷新：

```
FLUSH PRIVILEGES;
```

例 8-6　使用 INSERT 语句新建一个用户名为 User2、主机名为 localhost、口令设置为"123456"的数据库，如图 8-6 所示。

```
mysql> insert into mysql.user(host,user,password,ssl_cipher,x509_issuer,x509_sub
ject)
    -> values('localhost','User2',PASSWORD('123456'),'','','');
Query OK, 1 row affected (0.00 sec)

mysql> flush privileges;
Query OK, 0 rows affected (0.01 sec)
```

图 8-6　例 8-6 图

注意

> 插入数据时，至少要插入 host、user、password、ssl_cipher、x509_issuer 和 x509_subject 这 6 个字段。

> ssl_cipher、x509_issuer 和 x509_subject 的默认值一定要给出。

2. 修改用户账号

修改用户账号可以使用 update 语句修改 mysql 数据库中的 User 表，也可以使用 RENAME USER 语句实现，其基本格式如下：

```
RENAME USER old_user to new_user [,old_user to new_user]...
```

说明

◇ old_user：表示系统中已经存在的 MySQL 用户账户。

◇ new_user：表示新的 MySQL 用户账户。

例 8-7　将用户 User1 修改成 administrator，如图 8-7 所示。

```
mysql> rename user 'User1'@'localhost' to 'administrator'@'localhost';
Query OK, 0 rows affected (0.20 sec)
```

图 8-7　将用户 User1 修改成 administrator

3. 修改用户口令

普通用户的密码口令修改，都可以通过 SET 语句来修改（root 用户命令的修改也可以通过下面列举的命令修改自己的口令）。

root 用户修改用户的密码语法格式如下（也可以通过修改 mysql 数据库中 User 表来修改）：

```
SET PASSWORD FOR 'user'@'host' = PASSWORD('password')
```

用户修改自己的密码语法格式如下：

```
SET PASSWORD = PASSWORD('password')
```

例 8-8　root 用户修改普通用户 User2 的密码为"123456"，如图 8-8 所示。

```
mysql> set password for 'User2'@'localhost' = password('123456');
Query OK, 0 rows affected (0.00 sec)
```

图 8-8　Root 用户修改密码

例 8-9　User2 用户自己登录后修改自己的密码为 "root" 如图 8-9 所示。

```
C:\Program Files (x86)\MySQL\MySQL Server 5.5\bin> mysql -uUser2 -p123456
Welcome to the MySQL monitor.  Commands end with ; or \g.
Your MySQL connection id is 8
Server version: 5.5.20 MySQL Community Server (GPL)

Copyright (c) 2000, 2011, Oracle and/or its affiliates. All rights reserved.

Oracle is a registered trademark of Oracle Corporation and/or its
affiliates. Other names may be trademarks of their respective
owners.

Type 'help;' or '\h' for help. Type '\c' to clear the current input statement.

mysql> set password = password('root');
Query OK, 0 rows affected (0.00 sec)
```

图 8-9　修改自己的密码

4. 删除用户

MySQL 使用 DROP USER 语句来删除用户，其语法格式如下：

```
DROP USER 'user'@'localhost'
```

例 8-10　删除用户 user，如图 8-10 所示。

```
mysql> set password = password('root');
Query OK, 0 rows affected (0.00 sec)
```

图 8-10　删除用户 user

8.1.3　账户权限管理

账户信息存储在 mysql 数据库的 User、Db、Host、Tables_priv、Columns_priv 和 Procs_priv 表中。在 MySQL 启动时，服务器将这些数据库表中的权限信息读入内存。

1. 权限的赋予

权限的赋予是为某个用户授予权限，合理的授权可以保证数据库的安全。在 MySQL 中，权限的赋予可以使用 GRANT 语句来实现，其基本语法格式如下：

```
GRANT priv_type[(column_list)][,priv_types[(column_list)]]...
ON [object_type] priv_level
TO user_specification[,user_specification]
[with with_option...]
```

说明

✧ priv_type：用户指定权限的名称，如 select、update、delete、insert 等数据库操作。

✧ column_list：表示用户指定权限用于授予表中的哪些具体字段。

✧ ON 子句：用于指定权限授予的对象和级别。

✧ object_type：用于指定权限授予的对象类型，包括 table、function 和 procedure。

◇ priv_level：用于指定权限的级别。例如，*表示当前数据库中所有表；*.*表示所有数据库中所有的表；db_name.*表示数据库 db_name 中的所有表；db_name.t_name 表示数据库 db_name 中的 t_name 表或视图；db_name.routine_name 表示数据库 db_name 中存储过程或函数 routine_name。

◇ TO 子句：用来指定被授予的用户账户以及设定密码。

◇ user_specification：TO 子句中的具体描述部分，其与 create user 语句中的 user_specification 一样。

◇ with 子句：用于实现权限的转移控制。

例 8-11 创建一个新的用户 Jacky，并赋予其 book 数据库中 customer 表中 customer_name、sex、birth 和 address 字段的查询权限，如图 8-11 所示。

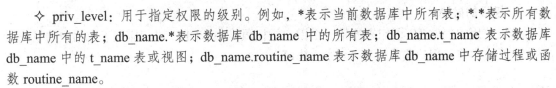

```
mysql> grant select(customer_name,sex,birth,address)
    -> on book.customer to 'Jacky'@'localhost' identified by '123456';
Query OK, 0 rows affected (0.13 sec)
```

图 8-11　例 8-11 图

注意

➢ grant 语句若赋予的权限用户不存在，系统会自动创建一个新的用户，即 grant 语句可以用于创建用户账号。

2. 权限的转移和限制

如果 grant 语句中 with 子句指定为 "with grant option"，则表示子句中将自己所有的权限授予其他用户的权利。

例 8-12 授予一个当前不存在的用户 admin 在数据库 book 中的所有表的所有权限，并允许其可以将自己的权限授予其他用户，如图 8-12 所示。

```
mysql> grant all privileges on book.*
    -> to 'admin'@'localhost' identified by '123'
    -> with grant option;
Query OK, 0 rows affected (0.18 sec)
```

图 8-12　例 8-12 图

如果 grant 语句中 with 关键字后面是以下任意一个选项，则表示 grant 语句可用于限制权限：

max_queries_per_hour count：限制该用户每小时可以查询数据库的次数。

max_updates_per_hour count：限制该用户每小时可以修改数据库的次数。

max_connection_per_hour count：限制该用户每小时可以连接数据库的次数。

max_user_connections count：限制该用户同时连接 mysql 的最大用户数。

count 可以取整数值表示次数或用户数，如果 count 取 0 表示不起限制作用。

例 8-13 限制存在的 admin 用户在数据库 book 中 good 表每小时只能处理一条 delete 语句的权限，如图 8-13 所示。

```
mysql> grant delete on book.good to 'admin'@'localhost'
    -> with max_queries_per_hour 1;
Query OK, 0 rows affected (0.11 sec)
```

图 8-13　例 8-13 图

3. 权限的撤销

可以使用 REVOKE 语句来撤销一个用户的权限。REVOKE 语句撤销一个用户的权限，不会从系统中将该用户删除，其语法格式如下：

格式一：

```
REVOKE
    priv_type [(column_list)]
        [, priv_type [(column_list)]] ...
    ON [object_type] priv_level
    FROM user [, user] ...
```

格式二：

```
REVOKE ALL PRIVILEGES, GRANT OPTION
    FROM user [, user] ...
```

说明

✧ REVOKE 语句和 GRANT 语句的语法格式相似，但具有相反的效果。

✧ 第一种语法格式用于回收某些特定的权限。

✧ 第二种语法格式用于回收特定用户的所有权限。

✧ 要使用 REVOKE 语句，必须拥有 MySQL 数据库的全局 create user 权限或 update 权限。

例 8-14 收回 admin 用户在 book 数据中 type 表的 update 权限，如图 8-14 所示。

```
mysql> revoke update on book.type from 'admin'@'localhost';
Query OK, 0 rows affected (0.00 sec)
```

图 8-14 例 8-14 图

8.2 事务与用户并发控制

数据库实现了数据的一致性和并发性，这是数据库与文件系统在数据管理中的优势之一。然而，事务和锁是实现数据的一致性和并发性的基础。

事务是访问并可能更新数据库中各种数据项的一个程序执行单元（unit）。事务的结果要么是成功执行，要么是失败，失败即会取消整个事务，系统回滚到事务处理之前的状态。对于一般简单的业务逻辑或小型程序而言，无须考虑应用 MySQL 事务。而在比较复杂的情况下，用户执行某些操作的过程中，往往需要通过一组 SQL 语句执行多项并行业务逻辑或程序以保证所有命令执行的同步性，使得执行序列中产生依赖关系的行为能够同时操作成功或同时返回初始状态。

在 MySQL 中，事务通常包含一系列更新操作，如 update、insert 和 delete 等。这些更新操作是一个不可分割的逻辑工作单元，如果事务成功，那么这些所有的操作将会成功执行，并保存到数据库文件中；如果事务失败，这些所有的操作均被撤销，所有被影响到的数据返回到事务开始之前。这个要么全部执行、要么都不执行的特征叫作事务的原子性。

8.2.1　事务的 ACID 特性

事务的 ACID 特性，即原子性（A）、一致性（C）、隔离性（I）和持久性（D）。

原子性（atomicity）：一个事务是一个不可分割的工作单位，事务中包括的操作要么都做，要么都不做。

一致性（consistency）：事务必须是使数据库从一个一致性状态变到另一个一致性状态。一致性与原子性是密切相关的。

隔离性（isolation）：一个事务的执行不能被其他事务干扰。即一个事务内部的操作及使用的数据对并发的其他事务是隔离的，并发执行的各个事务之间不能互相干扰。

持久性（durability）：持久性也称为永久性（permanence），指一个事务一旦提交，它对数据库中数据的改变就应该是永久性的。接下来的其他操作或故障不应该对其有任何影响。

8.2.2　MySQL 事务控制语句

事务控制语句可以使用 begin 开始，commit 结束，rollback 回滚事务。使用语法格式如下：

开始事务：

```
START TRANSACTION | BEGIN [work]
```

提交事务：

```
COMMIT [work] [AND [NO] CHAIN] [[NO] RELEASE ]
```

回滚事务：

```
ROLLBACK [AND [NO] CHAIN] [[NO] RELEASE ]
```

设置是否自动提交：

```
SET AUTOCOMMIT = {0 | 1}
```

说明

◇ CHAIN 和 RELEASE：分别用来定义在事务提交或者回滚之后的操作，CHAIN 会自己启动一个新的事务，并且和刚才的事务具有相同的隔离级别，RELEASE 则会断开和客户端的连接。

◇ SET AUTOCOMMIT：可以修改当前连接的提交方式，如果希望所有的事务都不是自动提交的，若设置为 0，即设置之后的所有事务都需要明确的命令进行提交或回滚。

◇ 默认情况下，MySQL 是 autocommit 的。

8.2.3　事务的隔离性级别

每个事务都有隔离性级别，定义了用户之间隔离和交互的程度。

1. 读取未提交内容（Read uncommitted）

在该隔离级别，所有事务都可以看到其他未提交事务的执行结果。本隔离级别很少用于实际应用，因为它的性能也不比其他级别好多少。读取未提交的数据，也称为脏读（Dirty read）。

2. 读取提交内容（Read committed）

这是大多数数据库系统的默认隔离级别（但不是 MySQL 默认的）。它满足了隔离的简单定义：一个事务只能看见已经提交事务所做的改变。这种隔离级别也支持不可重复读（Nonrepeatable read），因为同一事务的其他实例在该实例处理期间可能会有新的 commit，所以同一 select 可能返回不同结果。

3. 可重读（Repeatable read）

这是 MySQL 的默认事务隔离级别，它确保同一事务的多个实例在并发读取数据时，会看到同样的数据行。不过理论上，这会导致另一个棘手的问题，即幻读（Phantom Read）。简单地说，幻读指当用户读取某一范围的数据行时，另一个事务又在该范围内插入了新行，当用户再读取该范围的数据行时，会发现有新的"幻影"行。InnoDB 和 Falcon 存储引擎通过多版本并发控制（MultiVersion Concurrency Control，MVCC）机制解决了该问题。

4. Serializable（可串行化）

这是最高的隔离级别，它通过强制事务排序，使之不可能相互冲突，从而解决幻读问题。简言之，它是在每个读的数据行上加上共享锁。在这个级别，可能导致大量的超时现象和锁竞争。

只有支持事务的存储引擎（如 InnoDB 引擎）才可以定义一个隔离级，可以使用 SET TRANSACTON 语句进行定义：

```
SET [GLOBAL | session] TRANSACTION ISOLATION LEVEL
READ UNCOMMITTED | READ COMMITTED |
REPEATABLE READ | SERIALIZABLE
```

可以通过查询@@tx_isolation 系统变量来查看当前事务的隔离级别：

```
SELECT @@tx_isolation
```

说明

◇ READ UNCOMMITTED：读取未提交内容。

◇ READ COMMITTED：读取提交内容。

◇ REPEATABLE READ：可重读。

◇ SERIALIZABLE：可串行化。

例 8-15 将事务隔离级别设置为 read committed，如图 8-15 所示。

```
mysql> set transaction isolation level read committed;
Query OK, 0 rows affected (0.00 sec)

mysql> select @@tx_isolation;

| @@tx_isolation |

| READ-COMMITTED |
```

图 8-15　例 8-15 图

打开两个客户端 A 和 B，都连接到数据库。

客户端 A：开始事务，查看表 staff 中的内容，对 staff 表进行修改，如图 8-16 所示。

```
mysql> start transaction;
Query OK, 0 rows affected (0.00 sec)

mysql> select * from staff;
+----+--------+-----+---------------------+------+-----------+---------+
| ID | Name   | Sex | Birth               | Dept | Job_grade | Salary  |
+----+--------+-----+---------------------+------+-----------+---------+
|  7 | Mary   | 女  | 1988-09-21 00:00:00 | 1001 |         2 | 3500.00 |
|  8 | Jack   | 男  | 1999-12-02 00:00:00 | 1002 |         3 | 4000.00 |
|  9 | Jone   | 男  | 1978-03-03 00:00:00 | 1001 |         2 | 5000.00 |
| 10 | Rose   | 男  | 2000-09-20 00:00:00 | 1001 |         2 | 4800.00 |
| 11 | Martin | 女  | 2001-04-20 00:00:00 | 1002 |         2 | 5000.00 |
| 12 | mark   | 男  | 2002-09-02 00:00:00 | 1002 |         2 | 5100.00 |
+----+--------+-----+---------------------+------+-----------+---------+
6 rows in set (0.01 sec)

mysql> update staff set job_grade=1 where ID=7;
Query OK, 1 row affected (0.00 sec)
Rows matched: 1  Changed: 1  Warnings: 0

mysql> select * from staff;
+----+--------+-----+---------------------+------+-----------+---------+
| ID | Name   | Sex | Birth               | Dept | Job_grade | Salary  |
+----+--------+-----+---------------------+------+-----------+---------+
|  7 | Mary   | 女  | 1988-09-21 00:00:00 | 1001 |         1 | 3500.00 |
|  8 | Jack   | 男  | 1999-12-02 00:00:00 | 1002 |         3 | 4000.00 |
|  9 | Jone   | 男  | 1978-03-03 00:00:00 | 1001 |         2 | 5000.00 |
| 10 | Rose   | 男  | 2000-09-20 00:00:00 | 1001 |         2 | 4800.00 |
| 11 | Martin | 女  | 2001-04-20 00:00:00 | 1002 |         2 | 5000.00 |
| 12 | mark   | 男  | 2002-09-02 00:00:00 | 1002 |         2 | 5100.00 |
+----+--------+-----+---------------------+------+-----------+---------+
6 rows in set (0.00 sec)
```

图 8-16　客户端 A

客户端 B：在提交事务前，查看 staff 表，并没有被修改，如图 8-17 所示。

```
mysql> use hrms;
Database changed
mysql> select * from staff;
+----+--------+-----+---------------------+------+-----------+---------+
| ID | Name   | Sex | Birth               | Dept | Job_grade | Salary  |
+----+--------+-----+---------------------+------+-----------+---------+
|  7 | Mary   | 女  | 1988-09-21 00:00:00 | 1001 |         2 | 3500.00 |
|  8 | Jack   | 男  | 1999-12-02 00:00:00 | 1002 |         3 | 4000.00 |
|  9 | Jone   | 男  | 1978-03-03 00:00:00 | 1001 |         2 | 5000.00 |
| 10 | Rose   | 男  | 2000-09-20 00:00:00 | 1001 |         2 | 4800.00 |
| 11 | Martin | 女  | 2001-04-20 00:00:00 | 1002 |         2 | 5000.00 |
| 12 | mark   | 男  | 2002-09-02 00:00:00 | 1002 |         2 | 5100.00 |
+----+--------+-----+---------------------+------+-----------+---------+
6 rows in set (0.00 sec)
```

图 8-17　客户端 B

客户端 A：提交事务，如图 8-18 所示。

```
mysql> commit;
Query OK, 0 rows affected (0.01 sec)
```

图 8-18　客户端 A 提交事务

客户端 B：查看 staff 表，此时才被修改，如图 8-19 所示。

```
mysql> select * from staff;
+----+--------+-----+---------------------+------+-----------+---------+
| ID | Name   | Sex | Birth               | Dept | Job_grade | Salary  |
+----+--------+-----+---------------------+------+-----------+---------+
|  7 | Mary   | 女  | 1988-09-21 00:00:00 | 1001 |         1 | 3500.00 |
|  8 | Jack   | 男  | 1999-12-02 00:00:00 | 1002 |         3 | 4000.00 |
|  9 | Jone   | 男  | 1978-03-03 00:00:00 | 1001 |         2 | 5000.00 |
| 10 | Rose   | 男  | 2000-09-20 00:00:00 | 1001 |         2 | 4800.00 |
| 11 | Martin | 女  | 2001-04-20 00:00:00 | 1002 |         2 | 5000.00 |
| 12 | mark   | 男  | 2002-09-02 00:00:00 | 1002 |         2 | 5100.00 |
+----+--------+-----+---------------------+------+-----------+---------+
6 rows in set (0.00 sec)
```

图 8-19　客户端 B 查看 staff

注意

➢ 只有支持事务的存储引擎才可以设置事务隔离级别。

➢ 默认的事务隔离级别为 Repeatable Read。

8.2.4　MySQL 的并发控制

当多个用户并发地存取数据库时就会产生多个事务同时存取同一数据的情况，若对并发操作不加控制可能会存取不正确的数据，就会出现数据不一致的问题。

1. 丢失更新（Lost Update）问题

当两个或多个事务选择同一行，然后基于最初选定的值更新该行时，由于每个事务都不知道其他事务的存在，就会发生丢失更新问题，即最后的更新覆盖了由其他事务所做的更新。

2. 脏读（Dirty Read）

某个事务已更新一份数据，另一个事务在此时读取了同一份数据，由于某些原因，前一个 RollBack 了操作，则后一个事务所读取的数据就会是不正确的。

3. 不可重复读（Non-repeatable Read）

在一个事务的两次查询之中数据不一致，这可能是两次查询过程中间插入了一个事务更新的原有的数据。

4. 幻读（Phantom Read）

在一个事务的两次查询中数据笔数不一致。例如，有一个事务查询了几列（Row）数据，而另一个事务却在此时插入了新的几列数据，先前的事务在接下来的查询中，就会发现有几列数据是它先前所没有的。

8.2.5　锁

锁是计算机协调多个进程或线程并发访问某一资源的机制。在数据库中，除传统的计算资源（如 CPU、RAM、I/O 等）的争用以外，数据也是一种供许多用户共享的资源。如何保证数据并发访问的一致性、有效性是所有数据库必须解决的一个问题，锁冲突也是影响数据库并发访问性能的一个重要因素。从这个角度来说，锁对数据库而言显得尤其重要，也更加复杂。本章着重讨论 MySQL 锁机制的特点、常见的锁问题以及解决 MySQL 锁问题的一些方法或建议。

相对于其他数据库而言，MySQL 的锁机制比较简单，其最显著的特点是不同的存储引擎支持不同的锁机制。比如，MyISAM 和 MEMORY 存储引擎采用的是表级锁（table-level locking）；BDB 存储引擎采用的是页面锁（page-level locking），但也支持表级锁；InnoDB 存储引擎既支持行级锁（row-level locking），也支持表级锁，但默认情况下是采用行级锁。

MySQL 这 3 种锁的特性可大致归纳如下：

表级锁——开销小，加锁快；不会出现死锁；锁定粒度大，发生锁冲突的概率最高，并发度最低。

行级锁——开销大，加锁慢；会出现死锁；锁定粒度最小，发生锁冲突的概率最低，并发度也最高。

页面锁——开销和加锁时间介于表锁和行锁之间；会出现死锁；锁定粒度介于表锁和行锁之间，并发度一般。

1. MyISAM 表的表级锁

MyISAM 存储引擎只支持表级锁。查询表级锁争用情况，可以通过检查 table_locks_waited 和 table_locks_immediate 状态变量来分析（如果 Table_locks_waited 的值比较高，则说明存在着较严重的表级锁争用情况）：

```
SHOW STATUS LIKE 'table%'
```

MySQL 的表级锁有两种模式，即表共享读锁（Table Read Lock）和表独占写锁（Table Write Lock）。

表级锁加锁可以使用 LOCK TABLES 语句：

```
LOCK TABLES table_name [[as] alias] read [local] |
[low_priority] write
[,table_name [[as] alias] read [local] |
[low_priority] write
...
UNLOCK tables
```

说明

其中，表锁定支持以下类型：

✧ read：读锁定，确保用户可以读取表，但是不能修改表。加上 local 允许表锁定后，用户可以进行 insert 语句，但只适用于 MyISAM。

✧ write：写锁定，只有锁定该表的用户可以修改表，其他用户无法访问该表，加上 low_priority 后，允许其他用户读取表，但是不修改它。

✧ 当用户在一次查询中多次使用到一个锁定了的表，需要在锁定表时用 as 子句为表定义一个别名，alias 表示表的别名。

✧ UNLOCK tables：解锁表。

例 8-16　为 score 表加写锁定，其他客户端连接数据库后无法查看 score 表，再将表解锁，如图 8-20 所示。

```
mysql> lock tables score write;
Query OK, 0 rows affected (0.00 sec)

mysql> unlock tables;
Query OK, 0 rows affected (0.00 sec)
```

图 8-20　例 8-16 图

注意

➢ 在锁定表时会隐式地提交所有事务，在开始一个事务时，会隐式地解开所有表的锁定。

➢ 在事务表中，系统变量@@autocommit 值必须设置为 0；否则，MySQL 会在调用 lock tables 之后立刻释放表锁定，并且很容易形成死锁。

2. InnoDB 表的行级锁

InnoDB 是事务的存储引擎，采用了行级锁。那么获取行级锁争用情况可检查 InnoDB_row_lock 状态标量：

```
SHOW STATUS LIKE 'InnoDB_row_lock%'
```

如果发现 Innodb_row_lock_current_waits 和 Innodb_row_lock_time_avg 的值比较高，则说明锁争用比较严重。

InnoDB 实现了以下两种类型的行锁：共享锁（S），允许一个事务去读一行，阻止其他事务获得相同数据集的排他锁；排他锁（X），允许获得排他锁的事务更新数据，阻止其他事务取得相同数据集的共享读锁和排他写锁。共享锁和排他锁的语法格式如下：

```
SELECT * FROM table_name WHERE ... LOCK IN SHARE MODE
SELECT * FROM table)name WHERE ... FOR UPDATE
```

另外，为了允许行锁和表锁共存，实现多粒度锁机制，InnoDB 还有两种内部使用的意向锁（Intention locks），这两种意向锁都是表锁。意向共享锁（IS），事务打算给数据行加行共享锁，事务在给一个数据行加共享锁前必须先取得该表的 IS 锁。意向排他锁（IX），事务打算给数据行加行排他锁，事务在给一个数据行加排他锁前必须先取得该表的 IX 锁。

注意

➢ SELECT…IN SHARE MODE：获得共享锁，主要用在需要数据依存关系时来确认某行记录是否存在，并确保没有人对这个记录进行 update 和 delete 操作，但是如果当前事务也需要对该记录进行更新操作，则很可能造成死锁，对于锁定记录后需要进行更新操作的应用，应该使用 SELECT…FOR UPDATE。

➢ 意向锁是 InnoDB 自动加的，不需要用户干预，对于 update、delete 和 insert 语句，InnoDB 会自动给涉及数据集加排他锁（X）；对于普通 select 语句，InnoDB 不会加任何锁。

3. 死锁

死锁是指两个或两个以上的进程在执行过程中，因争夺资源而造成的一种互相等待的现象，若无外力作用，它们都将无法推进下去。此时称系统处于死锁状态或系统产生了死锁，这些永远在互相等待的进程称为死锁进程。表级锁不会产生死锁。所以解决死锁问题主要还是针对最常用的 InnoDB。

8.3 数据库备份与还原

数据库是大量数据的集合，是数据库管理系统的管理核心。为了避免丢失数据，或者发生数据丢失后将损失降到最低，需要定期地进行数据备份以保证数据安全。数据库实际运行的过程中，存在一些不可预估的因素（计算机硬件故障、计算机软件故障、病毒、误操作、自然灾害或盗窃等），会造成数据库运行事务的异常中断，从而影响数据的正确性，甚至会破坏数据库。因此，数据库提供了备份和恢复策略来保证数据库的可靠性和完整性。

8.3.1 使用 MYSQLDUMP 工具备份及其还原方法

数据库备份是指通过导出数据或者复制表文件的方式来制作数据库的副本。数据库的恢复，即还原，是将数据库从某一种"错误"状态（硬件故障、操作失误、数据丢失或数据不一致等状态）恢复到某一种的"正确"状态。因此数据库的恢复是以备份为基础的。

1. 使用 MYSQLDUMP 工具备份

MySQL 提供了存放于 mysql 安装目录下的 bin 子目录的客户端实用程序 mysqldump 来进行备份。因此，使用 mysqldump 进行备份需要首先进入 DOS 终端，进入 MySQL 安装目录，如图 8-21 所示。

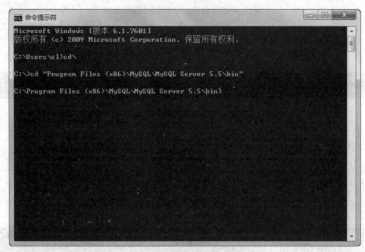

图 8-21　进入 MySQL 安装目录

（1）使用 mysqldump 来备份表的语法格式如下：

```
Mysqldump -h[hostname] -u[username] -p[password]
[options] database [tables] > filename
```

说明

◇ mysqldump 备份数据需要使用一个用户账号连接到 mysql 服务器，因此参数 hostname 表示主机名，username 表示用户名，password 表示用户账户密码。

◇ options：mysqldump 支持的选项，可以通过执行 mysqldump→help 操作得到选项的更多帮助信息。

◇ database：指定数据库的名称，也可以加上需要备份表的表名，如果不加则会备份整个数据库。

◇ filename：制定最终备份的文件名，如果该命令语句中指定了需要备份的多个表，那么备份会都保存在这个文件中。默认备份文件保存的地址是在 bin 目录中。

例 8-17　使用 mysqldump 命令备份 book 数据库中的 customers 表，如图 8-22 所示。

```
C:\Program Files (x86)\MySQL\MySQL Server 5.5\bin>mysqldump -hlocalhost -uroot -
proot book customers > D:\backup.sql
```

图 8-22　例 8-17 图

（2）备份数据库。mysqldump 程序可以将一个或多个数据库备份到一个文件中，其语法格式如下：

```
Mysqldump -h[hostname] -u[username] -p[password]
[options] --database [options] db1[db2 db3...] > filename
```

例 8-18　使用 mysqldump 命令备份 book 和 choose 数据库，如图 8-23 所示。

```
C:\Program Files (x86)\MySQL\MySQL Server 5.5\bin>mysqldump -hlocalhost -uroot -
proot --database book choose > D:\backup.sql
```

图 8-23　例 8-18 图

（3）备份整个数据库系统。mysqldump 程序还能备份整个数据库系统，其语法格式如下：

```
Mysqldump -h[hostname] -u[username] -p[password]
[options] --all -database [options] > filename
```

例 8-19　使用 mysqldump 命令备份整个数据库系统，如图 8-24 所示。

```
C:\Program Files (x86)\MySQL\MySQL Server 5.5\bin>mysqldump -hlocalhost -uroot -
proot --all-databases >D:\backup1.sql
```

图 8-24　例 8-19 图

2. 使用 mysql 命令还原

如果数据库中表的结构发生了损坏，可以使用 MySQL 命令对其单独进行恢复处理。

例 8-20　假设数据库 book 中 type 结构被损坏，使用 mysql 命令使其备份文件 backup.sql 恢复，如图 8-25 所示。

```
C:\Program Files (x86)\MySQL\MySQL Server 5.5\bin>mysql -uroot -proot book < D:\
backup.sql
```

图 8-25　例 8-20 图

8.3.2　使用 SQL 语句备份数据和恢复数据的方法

可以使用 SELECT INTO OUTFILE 语句备份数据，这种方法只能导出数据的内容，不包括表的结构，如果表的结构文件损坏，必须要先恢复原来表的结构。

1. 使用 SELECT INTO OUTFILE 语句备份数据

SELECT INTO OUTFILE 的语法格式如下：

```
SELECT * INTO OUTFILE 'file_name'
[CHARACTER SET charset_name] export_options
| INTO DUMPFILE 'file_name'
FROM table_name
```

其中，export_options 的格式如下：

```
[FIELDS
[TERMINATED BY 'string']
[[OPTIONALLY] ENCLOSED BY 'char']
[ESCAPED BY 'char']]
[LINES TERMINATED BY 'string']
```

说明

◇ FIELDS 子句：如果指定了 FIELDS 子句，可以选择 TERMINATED BY、ENCLOSED BY 和 ESCAPED BY，分别指定导出文档中的数据字段值之间的符号，包括文件中字符值的符号和转义字符。

◇ LINES 子句：在 LINES 子句中使用 TERMINATED BY 指定一个数据行结束的标志。

◇ 默认的导出文件数据字段的符号是"\t"，包括文件中字符值的符号为"\"，数据行结束的标志为"\n"。

◇ 导出语句中使用的关键字是 DUMPFILE 时，导出的备份文件中所有的数据行都会彼此紧挨着放置，即值和行之间没有任何标记。

例 8-21 备份 book 数据库中 orders 表中的数据到 D：\data.txt 文件中，如图 8-26 所示。

```
mysql> select * into outfile 'D:\data.txt' from book.orders;
Query OK, 6 rows affected (0.05 sec)
```

图 8-26 例 8-21 图

例 8-22 备份 book 数据库中 orders 表中的数据到 D：\data1.txt 文件中，每行数据以"？"（换行符）结束，如图 8-27 所示。

```
mysql> select * into outfile 'D:\data1.txt' lines terminated by '?' from book.or
ders;
Query OK, 6 rows affected (0.05 sec)
```

图 8-27 例 8-22 图

2. 使用 LOAD DATA...INFILE 导入语句恢复数据

导入恢复语句 LOAD DATA…INFILE 的语法格式如下：

```
LOAD DATA [LOW_PRIORITY | CONCURRENT] [LOCAL]
INFILE 'file_name.txt'
[REPLACE | IGNORE] INTO TABLE table_name
[Export_options]
```

说明

◇ LOW_PRIORITY | CONCURRENT：如果指定 LOW_PRIORITY，则延迟该语句的执行；如果指定 CONCURRENT，则当 LOAD DATA 正在执行时，其他线程可以同时使用该表的数据。

◇ LOCAL：如果指定了 LOCAL，则文件会被客户机上的客户端读取，并发送到服务器；如果没有指定 LOCAL，则文件必须位于服务器上。

◇ file_name：待导入的数据库备份文件名。

◇ table_name：需要导入的数据的表名。

◇ REPLACE | IGNORE：如果指定 REPLACE，则当导入文件中出现与数据库中原有行相同的唯一关键字值时，输入行会替换原有行；如果指定 IGNORE，则把与原有行相同的唯一关键字的输入行跳过。

◇ export_options：该选项的说明可参照 select * into outfile 命令中的该选项说明。

例 8-23 假设 book 数据库中 orders 表被误操作删除，使用导入数据的方式将其备份的数据文件 "D:\data.txt" 导入表进行恢复，如图 8-28 所示。

```
mysql> delete from orders;
Query OK, 6 rows affected (0.03 sec)

mysql> load data local infile 'D:\data.txt' into table orders;
Query OK, 6 rows affected (0.08 sec)
Records: 6  Deleted: 0  Skipped: 0  Warnings: 0
```

图 8-28 例 8-23 图

3. 使用 MYSQLIMPORT 程序恢复数据

如果只是为了恢复表中的数据，还可以使用 MYSQLIMPORT 程序来恢复数据，其语法格式如下：

```
MYSQLIMPORT [options] database textfile...;
```

说明

◇ options：表示 mysqlimport 命令的选项，可以使用 mysqlimport→help 操作查看。

-d，--delete：在导入文本之前清空表中所有的数据行。

-l，--lock – tables：在处理任何文本文件之前锁定所有表，以保证所有的表在服务器上。但对 InnoDB 类型的表则不必进行锁定。

--low – priority，--local，--replace，--ingore：分别对应 load data...infile 语句中的 low_priority，local，replace 和 ignore 关键字。

◇ database：指定想要恢复的数据库名称。

◇ textfile：存储备份数据的文本文件名。

例 8-24　使用 select * into file 语句备份 orders 表数据后（备份文件名为 orders.txt），假设 book 数据库中 orders 表被误操作删除，使用 mysqlimport 程序将其备份的数据文件 "D:\orders.txt" 进行恢复，如图 8-29 所示。

```
C:\Program Files (x86)\MySQL\MySQL Server 5.5\bin>mysqlimport -uroot -proot book
"D:\orders.txt"
book.orders: Records: 6  Deleted: 0  Skipped: 0  Warnings: 0
```

图 8-29　例 8-24 图

8.4　日　志　管　理

在事务的数据库系统中，每个事务有若干个操作步骤。每个日志记录了有关某个事务已做的某些情况。日志有多种不同的类型，日志记录的是数据库的日常操作和错误信息等，分析日志可以了解数据库的运行情况、日常操作、错误信息以及哪些地方需要进行优化。

8.4.1　MySQL 支持的日志

日志是 MySQL 数据库的重要组成部分，日志文件记录了 MySQL 数据库运行期间发生的变化。当数据库有操作以外的损坏时，可以通过日志文件查询出错原因，还可以通过日志文件进行数据恢复。

MySQL 日志分为 4 种，即二进制日志、错误日志、通用查询日志和慢查询日志。

1. 错误日志

错误日志记录了 MySQL 服务器的启动、关闭、运行错误等信息。在 MySQL 数据库的数据文件下，错误日志文件名通常为 hostname.err，hostname 为服务器主机名，错误日志默认为开启且不能关闭。错误日志的存储位置在 my.ini 文件中的［mysqld］组中，形式如下：

```
Log-err[=path/[filename]]
```

存储位置还可以通过以下命令查看：

```
SHOW VARIABLES LIKE 'log_error';
```

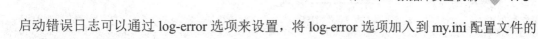

启动错误日志可以通过 log-error 选项来设置，将 log-error 选项加入到 my.ini 配置文件的 ［mysqld］组中，形式如下：

```
Log-error[=DIR\[filename]
```

说明

◇ path：表示指定错误日志的路径。

◇ filename：表示错误日志的名称，没有该参数时默认为主机名。

重启 MySQL 服务后，log-error 参数生效。

可以直接打开日志文件，查看启动、运行或停止 mysqld 时出现的错误。

2. 二进制日志

二进制日志以二进制文件的形式记录了数据库的操作，但不记录查询语句。默认情况下，二进制日志功能是关闭的。如果要开启该日志功能，同样需要添加选项到 my.ini 配置文件的 ［mysqld］组中，形式如下：

```
log-bin=[path/[filename]]
expire_logs_days = 10
max_binlog_size = 100M
```

说明

◇ path：表示指定二进制日志的路径。

◇ filename：表示二进制日志的文件名，其形式为 filename.number，number 的形式为 000001、000002、…，每次重启服务后，都会生成一个新的二进制日志文件，这些日志文件的 number 会不断递增，除了生成上述文件外，还会生成一个名为 filename.index 的文件，这个文件中存储所有二进制日志文件的清单。

◇ 如果没有 path 参数和 filename 参数，二进制日志文件将默认存储在数据库的数据目录下，默认文件名为 hostname-bin.number。

◇ expire_logs_days：指定自动清除二进制日志的天数，默认值为 0，表示不开启自动删除。

◇ max_binlog_size：指定了单个文件的大小，如果二进制日志写入内容的大小超过了该值，就会关闭当前文件，重新打开下一个新的日志文件。

可以使用下列命令查看该日志功能是否开启：

```
SHOW VARIABLES LIKE 'log_bin';
```

如图 8-30 所示，若 Value 的值为"OFF"，表示二进制日志功能未开启。

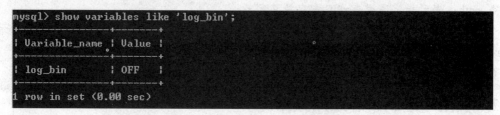

图 8-30　查看二进制日志功能是否开启

使用二进制格式可以存储更多的信息，效率更高。二进制文件不能直接打开查看，必须使用 MYSQLBINLOG 程序查看，其语法格式如下：

```
MYSQLBINLOG filename.number
```

说明

◇ **MYSQLBINLOG**：需要在当前文件夹下查找指定的二进制日志，即需要在二进制日志 filename.number 所在的目录下运行该命令来查看二进制文件。

如果很长时间不清理二进制日志，大量的记录文件会浪费很多的存储空间。删除所有二进制文件可以使用以下命令：

```
RESET MASTER;
```

或根据具体的编号来删除二进制日志：

```
PURGE MASTER LOGS TO 'filename.number'
```

或根据时间来删除二进制日志：

```
PURGE MASTER LOGS BEFORE 'yyyy-mm-dd hh:mm:ss'
```

3. 慢查询日志

通用查询日志记录用户登录和记录查询的信息。与以上二进制日志一样，默认情况下，该功能是关闭的。同样可以修改 my.ini 文件来开启。在［mysqld］组中，把 slow_query_log 的值设置为 1（默认情况下是 0），slow_query_log_file 设置慢查询的日志存放路径。long_query_time 设置时间阈值。

```
slow_query_log = time
slow_query_log_file = [path\[filename]]
long_query_time = time
```

说明

◇ **path**：表示指定慢查询日志存放路径。

◇ **filename**：表示指定日志的文件名，完整名称为 filename-slow.log。

◇ 同样地，如果不指定存储路径，慢查询日志将默认存储到数据库的数据文件夹下，如果不指定文件名，默认为 hostname-slow.log。hostname 为服务器主机名。

4. 通用查询日志

通用查询日志是用来记录用户的所有操作，包括启动和关闭服务、更新和查询操作等。默认情况下，此日志功能也是关闭的。打开需要在 my.ini 文件中［mysqld］组中添加 general_log_file 项，语法格式如下：

```
Log[=path/filename]
```

说明

◇ **path**：表示指定通用查询日志存放路径。

◇ **filename**：为日志文件名，如果不指定路径和文件名，日志默认存储在数据目录的 hostname.log 文件中。hostname 是主机名。

查看通用日志，直接用记事本方式打开，Linux 下用 vim、gedit 等打开。

8.4.2　使用二进制日志还原数据库

二进制日志记录的是除了查询以外对数据库的操作。在数据库数据发生意外丢失的情况下，可以使用 mysqlbinlog 程序工具对从指定的时间点开始到另一个时间点的数据进行恢复。mysqlbinlog 的语法格式如下：

```
mysqlbinlog [options] filename | mysql -uuser -ppassword
```

说明

❖ options：一些可选项，如--start-date、--stop-date 和--start-position、--stop-position，分别可以指定恢复数据库的起始时间点、结束时间点和恢复数据的开始位置、结束位置。

例 8-25　使用 mysqlbinlog 工具根据二进制日志恢复数据库到 2016-10-15 10:42:00 的状态，如图 8-31 所示。

```
C:\Program Files (x86)\MySQL\MySQL Server 5.5\bin>mysqlbinlog --stop-date="2016-
10-15 10:42:00" D:\mysql_bin_log.000001 | mysql -uroot -proot
```

图 8-31　例 8-25 图

MySQL 会一直记录二进制日志，修改配置文件可以停止记录二进制日志，通过 SET SQL_LOG_BIN 语句可以暂停或者开启二进制日志记录，其语法格式如下：

```
SET SQL_LOG_BIN = {0 | 1}
```

8.5　本章小结

本章主要介绍了数据的安全方面的知识，从用户权限管理、事物与用户的并发控制、数据库的备份与还原、日志的管理等方面详细地讲解了数据安全的管理。

案 例 实 现

一个数据库 HRMS 中有表 staff 记录了员工信息，如图 8-32 所示。

```
+----+--------+-----+---------------------+------+-----------+--------+
| ID | Name   | Sex | Birth               | Dept | Job_grade | Salary |
+----+--------+-----+---------------------+------+-----------+--------+
|  7 | Mary   | 女  | 1988-09-21 00:00:00 | 1001 |         3 | 3500.00 |
|  8 | Jack   | 男  | 1999-12-02 00:00:00 | 1002 |         3 | 4000.00 |
|  9 | Jone   | 男  | 1978-03-03 00:00:00 | 1001 |         2 | 5000.00 |
| 10 | Rose   | 男  | 2000-09-20 00:00:00 | 1001 |         2 | 4800.00 |
| 11 | Martin | 女  | 2001-04-20 00:00:00 | 1002 |         2 | 5000.00 |
| 12 | mark   | 男  | 2002-09-02 00:00:00 | 1002 |         2 | 5100.00 |
+----+--------+-----+---------------------+------+-----------+--------+
```

图 8-32　Staff 表

以 root 身份连接 MySQL，创建一个新的账户，用户名为 admin，密码为"abc123"，允许其从本地主机访问 MySQL，并赋予其具有 staff 表（Name，Dept，Salary）查看的权限。

```
mysql> grant select(Name,Dept,Salary) on hrms.Staff
    -> to 'admin'@'localhost' identified by 'abc123'
    -> with max_connections_per_hour 30;
```

从 user 表查看该账户信息：

```
mysql> select host,user,select_priv,update_priv
    -> from mysql.user where user = 'admin';
+-----------+-------+-------------+-------------+
| host      | user  | select_priv | update_priv |
```

```
+-----------+-------+-------------+-------------+
| localhost | admin | N           | N           |
+-----------+-------+-------------+-------------+

mysql> select db,user,table_name,table_priv,column_priv
    -> from mysql.tables_priv where user='admin';
+------+-------+------------+------------+-------------+
| db   | user  | table_name | table_priv | column_priv |
+------+-------+------------+------------+-------------+
| hrms | admin | staff      |            | Select      |
+------+-------+------------+------------+-------------+

mysql> select db,user,table_name,column_name,column_priv
    -> from mysql.columns_priv where user='admin';
+------+-------+------------+-------------+-------------+
| db   | user  | table_name | column_name | column_priv |
+------+-------+------------+-------------+-------------+
| hrms | admin | staff      | Name        | Select      |
| hrms | admin | staff      | dept        | Select      |
| hrms | admin | staff      | Salary      | Select      |
+------+-------+------------+-------------+-------------+
```

使用 SHOW GRANTS 命令查看 admin 的权限信息:

```
mysql> show grants for 'admin'@'localhost'\G
*************************** 1. row ***************************
Grants for admin@localhost: GRANT USAGE ON *.* TO 'admin'@'localhost' IDENTIFIED
 BY PASSWORD '*6691484EA6B50DDDE1926A220DA01FA9E575C18A' WITH MAX_CONNECTIONS_PE
R_HOUR 30
*************************** 2. row ***************************
Grants for admin@localhost: GRANT SELECT (dept, Name, Salary) ON `hrms`.`staff`
TO 'admin'@'localhost'
```

使用 admin 账户连接到数据库:

```
C:\Program Files (x86)\MySQL\MySQL Server 5.6\bin>mysql -uadmin -pabc123
```

查看 hrms 数据库中的 staff 表:

```
mysql> desc staff;
+--------+-------------+------+-----+---------+-------+
| Field  | Type        | Null | Key | Default | Extra |
+--------+-------------+------+-----+---------+-------+
| Name   | varchar(20) | NO   |     | NULL    |       |
| Dept   | int(11)     | YES  | MUL | NULL    |       |
```

```
| Salary | decimal(7,2) | YES |   |  NULL   |   |
+--------+--------------+------+-----+---------+-------+
```

```
mysql> select * from staff;
ERROR 1143 (42000): SELECT command denied to user 'admin'@'localhost' for column
 'ID' in table 'staff'
```

```
mysql> select Name,Dept,Salary from Staff;
+--------+------+---------+
| Name   | Dept | Salary  |
+--------+------+---------+
| Mary   | 1001 | 3500.00 |
| Jack   | 1002 | 4000.00 |
| Jone   | 1001 | 5000.00 |
| Rose   | 1001 | 4800.00 |
| Martin | 1002 | 5000.00 |
| mark   | 1002 | 5100.00 |
+--------+------+---------+
```

尝试修改 staff 的工资会失败，因为 admin 没有 Update staff 表的权限：

```
mysql> update Staff set Salary=6000;
ERROR 1142 (42000): UPDATE command denied to user 'admin'@'localhost' for table
'staff'
```

使用 root 账户连接数据库，收回 admin 账户的权限：

```
mysql> revoke select on hrms.staff from 'admin'@'localhost';
```

删除账户 admin：

```
mysql> drop user 'admin'@'localhost';
```

在 D 盘创建一个文件夹名为 backup，使用 mysqldump 将 staff 表备份到 D:\backup\staff_bk.sql 文件中：

```
C:\Program Files (x86)\MySQL\MySQL Server 5.6\bin>mysqldump -uroot -p hrms staff
> D:\backup\staff_bk.sql
Enter password: ****
```

打开 D:\backup 查看 staff_bk.sql。

删除 staff 表，再执行 staff_bk.sql 文件，查看 staff 表是否被恢复：

```
mysql> use hrms;
Database changed
mysql> drop table staff;

mysql> \. D:\Backup\staff_bk.sql
```

使用 select...into outfile 语句导出 staff 表中的记录，文件名为 staff_data.txt：

```
mysql> select * from staff into outfile
    -> 'D:\Backup\staff_data.txt';
```

删除 staff 表中的数据，使用 load data 将 staff_data.txt 里的数据导入到 staff 表：

```
mysql> delete from staff;

mysql> load data infile 'D:\Backup\staff_data.txt' into table staff;
Query OK, 6 rows affected (0.04 sec)
Records: 6  Deleted: 0  Skipped: 0  Warnings: 0
```

习　题

1. choose 数据库中有表 Score（成绩表），如图 8-33 所示。建议以下练习在同一个局域网中，分小组进行练习。

选课序号	学号	课程编号	分数
1	2015001	1	89
2	2015001	2	56
3	2015002	3	44
4	2015002	2	98
5	2015003	1	89

图 8-33　score 表

（1）root 用户创建 3 个用户：

admin1@%、admin2@%和 admin3@%，密码分别为“admin1”“admin2”和“admin3”。

（2）授予 admin1 在 Score 表（成绩表）的 select 和 update 的权限，并且可以将它的权限传递给其他用户。

（3）admin1 连接数据库后，将分数修改为原来的 70%+30；再将 score 表中（学号，课程编号，分数）的查看和修改的权限授予 admin2；将 Score 表查看的权限授予 admin3。

（4）admin2 连接数据库后，将“201”同学的“1”号课程成绩改为 90 分。

（5）admin3 连接数据库，查看 Score 表。

2. 使用 mysqlldump 备份和恢复数据库。

3. 使用 select…outfile 和 load…data 备份和恢复表。

4. 开启和设置二进制日志。

5. 使用二进制日志恢复数据。

第 9 章

数据仓库和数据挖掘

📖 **学习目标：**
- ➲ 理解数据库和数据仓库的区别和联系
- ➲ 了解数据仓库的体系结构
- ➲ 了解数据仓库的组成
- ➲ 了解 ETL 过程
- ➲ 了解数据挖掘的常用方法
- ➲ 了解数据挖掘的功能

📖 **本章重点：**
- ➲ 数据仓库和数据库的联系
- ➲ 数据仓库的组成
- ➲ 数据挖掘的常用方法

📖 **本章难点：**
- ➲ ETL 过程
- ➲ 数据挖掘的常用方法

9.1 数 据 仓 库

数据仓库（Data Warehouse，DW 或 DWH）是为企业所有级别的决策制定过程，提供所有类型数据支持的战略集合。它是单个数据存储，出于分析性报告和决策支持目的而创建。为需要业务智能的企业，提供指导业务流程改进，监视时间、成本、质量及控制的功能。

9.1.1 数据仓库与数据库

数据仓库是建立在传统事务性数据库的基础之上，为企业决策支持系统（Decision Support System，DSS）及数据挖掘系统提供数据源。

数据处理分为事务性处理（又称为联机事务处理，OnLine Transaction Processing，OLTP）和分析性处理（又称为联机分析处理，OnLine Analytical Processing，OLAP）两大类。OLTP以传统的数据库为中心进行日常业务处理；OLAP 以数据仓库为中心分析数据背后的关联和规律，为企业的决策提供可靠、有效的依据。因此，普通的数据库（传统的数据库）和数据仓库的最根本的区别在于侧重点不同。

数据库与数据仓库的区别如表 9-1 所示。

表 9-1 数据库与数据仓库的比较

类型	数据库	数据仓库
内容	与业务相关的数据	与决策相关的信息
数据模型	关系、层次结构	关系、多维结构
访问	经常是随机读写操作	经常是只读操作
负载	事务处理量大，但每个事务设计的记录数很少	查询量小，但每次需要查询大量的记录
事务输出	一般很少	可能非常大
停机	可能意味着灾难性错误	可能意味着延迟决策

传统数据库的主要任务是进行事务处理，所关注的是事务处理的及时性、完整性和正确性，在数据分析方面存在诸多不足：缺乏继承性，企业数据库系统与部门条块分割，导致数据分布的分散化与无序化；主题不明确，对于数据分析而言，数据库和表缺少明确的主题；分析处理效率低，设计基于传统数据库的应用系统的核心准则是保证事务处理及时而准确，但传统数据库无法保证。

9.1.2 数据仓库的体系结构

数据仓库的体系结构 BD-ODS-DW 如图 9-1 所示。

业务系统作为主要的分析数据来源，其数据格式主要是表的形式。外部数据源是指信息来源于企业的外部，描述企业运营的外部环境与企业经营分析有关的数据，如各个企业的市场份额等，外部数据格式具有多样性的特点，如文本、数据表格、图像和声音等，因此对外部数据源及其数据格式等都应在数据仓库的元数据中进行记录，同时元数据中还应对外部数据的可信度有一定评价。

由于数据仓库的数据源不统一，同时源数据的存储形式也不同，因此有必要在数据进入数据仓库前先将数据放在同一个暂存区中。数据暂存区可以多种形式实现，如文件目录或数据库表的形式。

ODS（Operational Data Store）是操作型数据存储，是面向主题的、集成的、可变的和当前的或接近当前的数据。"可变的"是指 ODS 数据可以联机改变，包括增加、删除和更新；"当前的"是指数据在存取时刻是最新的；而"接近当前的"是指存取的数据是最近一段时间得到的。

数据仓库中保存了大量的历史数据，同时数据仓库面向的是整个企业的分析应用，但在实际应用中不同部门的用户可能只使用其中的一部分数据，从处理速度和效率的角度出发，可以将这部分数据在逻辑或物理上进行操作，使用户无须到数据仓库的海量数据中进行查询，只在本部门有关的数据集合上进行操作，这就形成了数据集市（Data

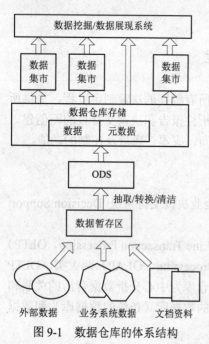

图 9-1 数据仓库的体系结构

mart）的概念，它是指面向企业的某个部门（主题）在逻辑上或物理上划分出来的数据仓库的数据子集。

9.1.3 数据仓库的组成

数据仓库具有抽取数据与加载数据、整理并转换数据为一种数据仓库使用的格式、备份与备存数据和管理所有查询，将它们导向使用的数据源等功能。数据仓库系统的组成如图9-2所示。

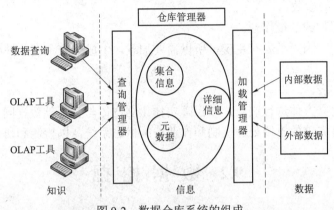

图 9-2 数据仓库系统的组成

数据仓库包括数据、信息和知识 3 个层次，其系统组成包括：加载管理器，抽取并加载数据，在加载数据之前与过程中执行简单的转换；仓库管理器，转换并管理数据仓库数据，备份与备存数据；查询管理器，引导管理数据仓库的查询。

1. 加载管理器

可以由一些软件工具、针对特殊需要而编写的程序、存储过程或脚本文件组成。例如，这些工具、脚本或程序可以完成一些数据转换和检验功能：删除不必要的字段、检验字段是否有效、检验数据仓库需要字段是否有数据等。

2. 仓库管理器

可以由一些系统管理工具、针对特殊需要而编写的程序及脚本文件组成。这些工具需要完成以下功能：

检验各字段相互之间的关系与一致性；将临时存储介质中的数据进行转换与合并，然后加载到数据仓库；对数据仓库数据添加索引、视图和数据分区；根据需要将数据进行正规化；根据需要生成新的集合信息；更新已有的集合信息；备份数据仓库（完整或递增式）；备份数据仓库中过时的数据。

3. 查询管理器

可以由一些查询工具、数据仓库系统所提供的系统监控工具、数据库管理系统所提供的管理工具、针对特殊需要而编写的程序以及脚本文件组成。同样地，查询管理器的复杂度视数据仓库系统而定。主要完成将查询引导至正确的表、为所有用户查询进行调度。

9.1.4 ETL

原来业务系统的数据经过提取、转换并加载到数据仓库中心存储库的过程称为 ETL

（Extract，Transform and Load）过程，制定这一过程的策略称为 ETL 策略，而完成 ETL 过程的工具则是 ETL 工具。

随着应用和系统环境的不同，数据的抽取、转换和加载具有不同的特点，一般地，ETL 过程主要包括以下内容。

（1）预处理是正式开始作业以前的准备工作，包括清空工作区、检查过渡/准备区。如果需要直接访问操作型数据源时，要检查远程数据库服务器状态，并核对目标区数据加载状态，以核算出加载作业的参数。

（2）启动数据加载的批作业。

（3）加载维表。因为维表有主键，所以需要加载，生成维表主键，并作为以后加载事实表所需的外键。

（4）加载事实表。

（5）对实体化立方体进行刷新，以保障实体化立方体与其基础数据同步。

（6）设计具有完善的出错处理机制和作业控制日志系统，以检测和协调整个加载过程。

9.2 数据挖掘

数据挖掘（Data mining）又称为资料探勘、数据采矿。它是数据库知识发现（Knowledge-Discovery in Databases，KDD）中的一个步骤。数据挖掘一般是指从大量的数据中通过算法搜索隐藏于其中信息的过程。数据挖掘通常与计算机科学有关，并通过统计、在线分析处理、情报检索、机器学习、专家系统（依靠过去的经验法则）和模式识别等诸多方法来实现上述目标。

9.2.1 数据挖掘常用的方法

利用数据挖掘进行数据分析常用的方法主要有分类、回归分析、聚类、关联规则、特征、变化和偏差分析、Web 页挖掘等，它们分别从不同的角度对数据进行挖掘。

1. 分类

分类是找出数据库中一组数据对象的共同特点，并按照分类模式将其划分为不同的类，其目的是通过分类模型，将数据库中的数据项映射到某个给定的类别。它可以应用到客户的分类、客户的属性和特征分析、客户满意度分析、客户的购买趋势预测等，如一个汽车零售商将客户按照对汽车的喜好划分成不同的类，这样营销人员就可以将新型汽车的广告手册直接邮寄到有这种喜好的客户手中，从而大大增加了商业机会。

2. 回归分析

回归分析方法反映的是事务数据库中属性值在时间上的特征，产生一个将数据项映射到一个实值预测变量的函数，发现变量或属性间的依赖关系，其主要研究问题包括数据序列的趋势特征、数据序列的预测以及数据间的相关关系等。它可以应用到市场营销的各个方面，如客户寻求、保持和预防客户流失活动，产品生命周期分析、销售趋势预测及有针对性的促销活动等。

3. 聚类

聚类分析是把一组数据按照相似性和差异性分为几个类别，其目的是使得属于同一类别

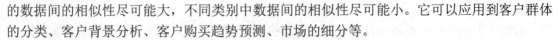

的数据间的相似性尽可能大，不同类别中数据间的相似性尽可能小。它可以应用到客户群体的分类、客户背景分析、客户购买趋势预测、市场的细分等。

4. 关联规则

关联规则是描述数据库中数据项之间所存在关系的规则，即根据一个事务中某些项的出现可导出另一些项在同一事务中也出现，也就是隐藏在数据间的关联或相互关系。在客户关系管理中，通过对企业的客户数据库里的大量数据进行挖掘，可以从大量的记录中发现有趣的关联关系，找出影响市场营销效果的关键因素，为产品定位、定价与定制客户群，客户寻求、细分与保持，市场营销与推销，营销风险评估和诈骗预测等决策支持提供参考依据。

5. 特征

特征分析是从数据库中的一组数据中提取出关于这些数据的特征式，这些特征式表达了该数据集的总体特征。如营销人员通过对客户流失因素的特征提取，可以得到导致客户流失的一系列原因和主要特征，利用这些特征可以有效地预防客户的流失。

6. 变化和偏差分析

偏差包括很大一类潜在有趣的知识，如分类中的反常实例、模式的例外、观察结果对期望的偏差等，其目的是寻找观察结果与参照量之间有意义的差别。在企业危机管理及其预警中，管理者更感兴趣的是那些意外规则。意外规则的挖掘可以应用到各种异常信息的发现、分析、识别、评价和预警等方面。

7. Web 页挖掘

随着 Internet 的迅速发展及 Web 的全球普及，使得 Web 上的信息量无比丰富，通过对 Web 的挖掘，可以利用 Web 的海量数据进行分析，收集政治、经济、政策、科技、金融、各种市场、竞争对手、供求信息、客户等有关的信息，集中精力分析和处理那些对企业有重大或潜在重大影响的外部环境信息和内部经营信息，并根据分析结果找出企业管理过程中出现的各种问题和可能引起危机的先兆，然后对这些信息进行分析和处理，以便识别、分析、评价和管理危机。

9.2.2　数据挖掘的功能

数据挖掘通过预测未来趋势及行为，做出前摄的、基于知识的决策。数据挖掘的目标是从数据库中发现隐含的、有意义的知识，主要有以下 5 类功能。

1. 自动预测趋势和行为

数据挖掘自动在大型数据库中寻找预测性信息，以往需要进行大量手工分析的问题如今可以迅速直接由数据本身得出结论。一个典型的例子是市场预测问题，数据挖掘使用过去有关促销的数据来寻找未来投资中回报最大的用户，其他可预测的问题包括预报破产以及认定对指定事件最可能作出反应的群体。

2. 关联分析

数据关联是数据库中存在的一类重要的可被发现的知识。若两个或多个变量的取值之间存在某种规律性，就称为关联。关联可分为简单关联、时序关联、因果关联。关联分析的目的是找出数据库中隐藏的关联网。有时并不知道数据库中数据的关联函数，即使知道也是不确定的，因此关联分析生成的规则带有可信度。

3. 聚类

数据库中的记录可被划分为一系列有意义的子集，即聚类。聚类增强了人们对客观现实的认识，是概念描述和偏差分析的先决条件。聚类技术主要包括传统的模式识别方法和数学分类学。20 世纪 80 年代初，Mchalski 提出了概念聚类技术，其要点是，在划分对象时不仅考虑对象之间的距离，还要求划分出的类具有某种内涵描述，从而避免了传统技术的某些片面性。

4. 概念描述

概念描述就是对某类对象的内涵进行描述，并概括这类对象的有关特征。概念描述分为特征性描述和区别性描述，前者描述某类对象的共同特征，后者描述不同类对象之间的区别。生成一个类的特征性描述只涉及该类对象中所有对象的共性。生成区别性描述的方法很多，如决策树方法、遗传算法等。

5. 偏差检测

数据库中的数据常有一些异常记录，从数据库中检测这些偏差很有意义。偏差包括很多潜在的知识，如分类中的反常实例、不满足规则的特例、观测结果与模型预测值的偏差、量值随时间的变化等。偏差检测的基本方法是，寻找观测结果与参照值之间有意义的差别。

9.2.3 数据挖掘和数据仓库

从数据仓库中直接得到进行数据挖掘的数据有许多好处。数据仓库的数据清理与数据挖掘的数据清理差不多，如果数据在导入数据仓库时已经清理过，那很可能在做数据挖掘时就没必要再清理一次了，而且所有的数据不一致问题都已经被解决了。

数据挖掘库可能是你的数据仓库的一个逻辑上的子集，而不一定非得是物理上单独的数据库。但如果你的数据仓库的计算资源已经很紧张，那最好还是建立一个单独的数据挖掘库。

当然为了数据挖掘你也不必非得建立一个数据仓库，数据仓库不是必需的。建立一个巨大的数据仓库，把各个不同源的数据统一在一起，解决所有的数据冲突问题，然后把所有的数据导到一个数据仓库内，这是一项巨大的工程，可能要用几年的时间花上百万的钱才能完成。只是为了数据挖掘，你可以把一个或几个事务数据库导到一个只读的数据库中，就把它当作数据集市，然后在它上面进行数据挖掘。

9.3 本 章 小 结

本章主要讲述了数据库与数据仓库、数据挖掘的关系，以及数据仓库的体系结构和组成，数据仓库的 ETL 设计，数据挖掘的基本方法和功能等内容。

参 考 文 献

[1] 李辉. 数据库系统原理及 MySQL 应用教程 [M]. 北京：机械工业出版社，2016.

[2] 宋金玉，陈萍，陈刚. 数据库原理与应用（第 2 版）[M]. 北京：清华大学出版社，2014.

[3] 王珊，萨师煊. 数据库系统概论（第 5 版）[M]. 北京：高等教育出版社，2014.

[4] 王飞飞，崔洋，贺亚茹. MySQL 数据库应用从入门到精通（第 2 版）[M]. 北京：中国铁道出版社，2014.

[5] 刘玉红，郭广新. MySQL 数据库应用案例课堂 [M]. 北京：清华大学出版社，2015.

[6] 明日科技. SQL Server 从入门到精通 [M]. 北京：清华大学出版社，2012.

[7] 何玉洁. 数据库原理与应用 [M]. 北京：机械工业出版社，2011.

[8] 蔡延光. 数据库原理与应用（第 2 版）[M]. 北京：机械工业出版社，2016.

[9] 陈漫红，赵瑛，朱淑琴，等. 数据库系统原理与应用技术 [M]. 北京：机械工业出版社，2010.

[10] 孔祥盛. MySQL 数据库基础与实例教程 [M]. 北京：人民邮电出版社，2014.

[11] 钱雪忠. MySQL 数据库技术与实验指导 [M]. 北京：清华大学出版社，2012.

[12] [美] 西尔伯沙茨（Abrahm Silberschatz），[美] 科思（Henry F.Korth）[美] 苏达尔（S.Sudarshan）. 数据库系统概念（第6版）[M]. 北京：高等教育出版社，2014.

[13] 陈志泊. 数据仓库与数据挖掘 [M]. 北京：清华大学出版社，2010.

[14] 李雄飞. 数据仓库与数据挖掘 [M]. 北京：机械工业出版社，2013.

[15] 李春葆，李石君，李筱驰. 数据仓库与数据挖掘实践 [M]. 北京：电子工业出版社，2014.